本书由人文在线出版基金资助出版

论每一知识的依据对象和指向对象

兼论知识检验中的客观对象尺度

刘志侃 ◎ 著

吉林大学出版社

图书在版编目（CIP）数据

论每一知识的依据对象和指向对象 / 刘志侃著 . —
长春：吉林大学出版社，2017.5
ISBN 978-7-5677-9789-5

Ⅰ.①论… Ⅱ.①刘… Ⅲ.①知识学 – 研究 Ⅳ.
① G302

中国版本图书馆 CIP 数据核字（2017）第 118004 号

书　　名	论每一知识的依据对象和指向对象
	LUN MEI YI ZHISHI DE YIJU DUIXIANG HE ZHIXIANG DUIXIANG
作　　者	刘志侃　著
策划编辑	朱　进
责任编辑	朱　进
责任校对	朱　进
装帧设计	人文在线
出版发行	吉林大学出版社
社　　址	长春市朝阳区明德路 501 号
邮政编辑	130021
发行电话	0431-89580028/29/21
网　　址	http://www.jlup.com.cn
电子邮箱	jdcbs@jlu.edu.cn
印　　刷	北京市金星印务有限公司
开　　本	710×1000　1/16
印　　张	10.5
字　　数	131 千字
版　　次	2017 年 9 月第 1 版
印　　次	2017 年 9 月第 1 次
书　　号	ISBN 978-7-5677-9789-5
定　　价	36.00 元

目　录

引　言

　　本书考察的是认知性的知识。再具体点说，考察的是与每一认知性知识相关联的客体是什么。在此，先简述一下本书要解决的基本问题、提出的基本观点，本书的观点与目前已有观点的不同，以及提出这些观点的意义。

　　本书不是宏观、一般性地讨论主体及其知识与客体的关系，而是以每一具体的主体作为切入点，考察的着眼点是每一**具体**主体的**每一个**知识，探讨与每一知识相关联的**特定的**客体是什么。这是本书与目前国内已有的论述思路不同的地方。本书提出并尝试解答的一个基本问题是：每一主体的每一特定知识之产生所依据的（或者说反映的）是怎样的一类特定的客体？检验这一知识的客观尺度是怎样的一类特定的客观事实？与每一特定主体的特定知识相关联的客体不外乎该知识所反映的那一客体和检验该知识依据的那一客观事实客体这两类。本书探讨的主题是：与每一具体的知识有关联的这两类客体有怎样的特征，这两类客体对知识有怎样的作用。本书在认识论中提出的基本观点是：主体的每一知识都有一个依据对象和指向对象；依据对象是主体知识的信息源，是决定、制约每一知识内容的那一特定的客观对象；指向对象是每一知识内容所要描述、说明的那一特定的对象，是判定该知识正确与否的根本尺度，或者说是实际所用的检验尺度的最终依据。

关于认识的客体，国内哲学界已经有许多的论述。国内哲学界论述的主要是有关客体的性质、类型、演化等宏观的内容，论述的是主体与客体的宏观性、一般性的关系。国内认识论一般侧重论述实践与知识的关系，至于客体如何通过实践决定、影响每一主体的知识，似乎未见深入、微观化的论述。本书探讨的与每一特定知识相关联的特定的客体的内容，也未见论述。特别是，对于知识的检验，国内主流的认识论主要论述了实践在知识检验中的作用，但对于客体在知识检验中是否有作用、有什么作用却基本没有提到。这不能不说是一个重大的缺陷。

本书在认识论中引入这两个概念，能更完整、准确地描述每一具体知识的形成和检验，更具体、深入地解释客体如何决定主体的知识内容，知识如何检验。后边将看到，引入指向对象概念，我们可以提出一套更完整、更符合实际的知识如何检验的较系统的观点。这些都不仅有显著的理论意义，也有实际意义，并且可以弥补国内认识论的上述缺陷。

接下来，我们按照顺序介绍一下各章的主要内容。

本书内容主要分为两大部分：第一部分，前三章，论述依据对象和指向对象概念；第二部分，第四章，引入两个概念特别是指向对象概念后，尝试对知识如何检验作新的阐述。

第一部分三章，其内容分别为：第一章，对本书的认知、知识概念的含义作解释；重点讨论国内关于认识论中的实践概念的几种代表性的定义，分析其可取和不足之处，在此基础上阐明本书的认识论的实践概念的含义，并把它与客体概念严格区分开来。第二章，第一节，通过对几个典型的知识例子的考察，指出什么是知识的依据对象、指向对象，指出每一知识的依据对象、指向对象的不同是明显的，有必要区分开。第二节，进一步指出每一知识的依据对象的特征，即它是"作用了主体"的对象，并论述什么是作用主体对象，它与非作用主体对象的区别。第三节，进一步指出，每一知识的指向对象的特征，即它是知识内容所说明的对象，并论述什么是说明对象。第三章，第一节，讨论依据对象和指向对象概念与客体、反映对象概念的关系，主要讨论"依据""指向"与"反映"概念的关系。第二节，论述每一知识的这两个对象之不同对包括感性知识在内的所有知识都普遍成立；论述每一知识的这两个对象的联系、相互转化。第三节，对依据对象作更深入的考察：在作用主体对象的范围内，指出客观物质对象与其信息载体对象、与相应的客观知识对象、与它的中介信息对象的不同，通过这种区分，进一步明确什么是直接、现实地决定知识内容的信息源对象，即知识的直接的依据对象；接着还将指出，依据对象不仅限于作用主体对象的形式，每一特定知识的依据对象的最直接形式为观念客体、心理信息客体；在逻辑推理中，结论作为知识判断，它的直接的依据对象即前提，前提叫做逻辑层面的依据对象。

在第四章，我们首先肯定如下理论前提：对知识的检验既离不开主体的实践活动这种检验手段，也离不开知识的说明对象这一检验尺度。引入说明对象概念，本章重点讨论客体尺度在检验中的作用。本章的基本观点是：每一知识的说明对象是检验该知识的根本尺度；对知识的任何形式的检验，都是、都应该是通过实践实现的知识与其说明对象尺度的不同程度的间接的对照。本章指出，知识检验分为直接检验和间接检验两大类，直接检验即直接用知识的说明对象的观念形态作为判定尺度的实践检验；实际中多数情况下采用的间接实践检验，主要包括以认知为目的作推论的实践检验（例如自然科学中的假说推论检验），应用知识指导实践的检验（例如生产实践），在这些间接检验中，待检知识的说明对象作为直接检验尺度的最终根据都是、都应该是间接起尺度作用的，直接所用的检验尺度都是、都应该是根本尺度的一种近似、替代形式。本章还根据上述基本观点对方针、政策这类非认知性意识的检验作出解释：方针、政策的检验实际上可以归结为对其直接依据的认知性知识的检验，对该认知性知识的检验，大致也可以看做用它的说明对象为尺度进行判定的过程。另外，建立在实践基础上的逻辑证明对经验命题有一定的间接判定作用，这种间接判定作用，也是一种间接用论点的说明对象为尺度判定论点的过程。从而，通过论述说明对象在知识检验中的作用，本章给出了关于知识怎样检验的新的阐释。并且，本章对知识的各种检验形式也给出了一个统一的解释，逻辑上一贯的解释。此外，本章对国内认识论的关于知识检验的代表性观点作了评述，指出了它们的可取之处和不足。在上述两个基本概念的基础上，本章又引入两个对于描述知识的检验很有价值的证明对象和尺度对象概念。最后，以说明对象是知识检验的根本尺度的观点为基础、前提，融合知识论中的基础主义、融贯论、外在主义，以及"目的衡量实践成败"诸理论基本观点的合理之处，阐述了如何实现对知识的更可靠的检验。

第五章，从总体上概括了依据对象、说明对象的特性、作用，在整个认知活动中所处的位置，并进一步论述提出这两个概念的意义，从而最终确立认识论中的这两个概念。

最后，简述本书认识论探讨的方法和思路。先简述三个方法论原则。

本书探讨认知意识，探讨决定、影响知识的两种对象。认知意识也是一种客观存在的心理现象、事实。实际中知识是否有两种对象，不以我们的意识为转移而客观存在。所以，本书的观点作为对客观存在的人类认知现象的反映，本身就是一种认知的意识。认识论要求人们以客观的事实为准绳判定知识的对错。自然，关于如何检验知识的认识论作为知识，首先应该遵守这些要求。要判定它是否正确，根据应该是其反映、说明的客观认知事实情况。要对知识的各种观点进行取舍，主要应依据实际的人类认知的事实"是什么""是怎样"，而不应该把流行的观点、或某种理论作为判定的根据。这是本书认知意识探讨的以事实为准绳的原则。

关于客观的认知事实的反映成果，总表现为一定的概念体系。对于概念体系，应该提出逻辑上遵守同一律的原则。或许，任何人也不会反对该原则。但实际中，会有人不知不觉地违反它。另外，在认识论中，当出现有关概念表述方面的问题而争论时，有人把该原则作为取舍的主要依据，但似乎也有人以习惯的观点、权威的表述为主要依据，而把遵守同一律的要求放在了为辅的位置。本书中，涉及实践、反映、检验标准与尺度等概念的定义、表述方面的分歧、争论，我们主要依据逻辑一贯的原则决定取舍。

理论中的概念体系应该符合客观。但在符合客观的前提下，怎样描述客观较为适宜，从什么角度提出概念，就不是符合客观的问题，而是一个"应该怎样"的问题。决定取舍的准则似乎主要是我们的主观需要、将达到的目标。认识论探讨的是认知意识，它的宗旨、目的就是搞清客观的认知意识的真实情况。所以，在认识论中，怎样描述认知，如何提出概念，应主要看能否满足搞清认知情况的目的；应看看哪一描述方式、概念对于搞清客观认知情况、对于别人理解你的认识论来说更准确、更方便。据此，本书考察有关对象、提出概念的一个原则即：以主体的知识为中心，考察与知识相关的各种因素，建立认识论的实践、客体等概念。在认识论中，应该考察所有与知识有关的因素，特别是直接有关的因素；没有关系或者没有直接关系的因素，则不应、不宜作为考察的对象。例如，对于客观的人类活动，本书主要侧重考察它与认知有直接联系的方面，它直接决定、影响认知的特性，把它对于认知的意义、作用作为考察的重心。提出的相关概念，例如实践概念，也只是认识论层面的实践概念；本书重点论述的依据对象、指向对象概念，也只是对于主体及其知识才有意义，是属于主体知识的两个对象。围绕主体的知识这一中心建立实践等其他的概念，并不意味着实践、客体实际建立在主观的知识的基础上。这只是我们选择的一种描述客观的概念体系，与实际中实践、客体跟知识的关系无关。或许可以说，这种表述方式能更好地体现出现实中实践、客体对于知识的基础、决定作用。

我们再介绍一下本书的一个基本研究思路、方法。本书中，我们不仅是以知识为中心建立有关的概念，而且是以每一具体的知识为中心建立概念、考察研究对象。对于知识与实践、客体等的关系，目前往往是把它们分别看作不同的种类，一般性地指出这几个类的关系。例如说实践是认识的基础，认识是主体对客体的反映。这些论述是必要的，是讨论知识与实践、客体关系的基础。但不应就此止步。本书在此基础上，以主体的知识集合中的每一元素、每一具体知识作为切入点，进一步探讨的是：对属于"知识"的任何一个具体知识而言，它所反映的、与它相关的是隶属于"客体"的哪一个具体客体对象，决定它的是实践集合中的哪一个具体实践。本书的考察对象为每一具体的知识，例如 17 世纪时的牛顿提出的惯性定律，19 世纪时马克思提出的辩证唯物主义哲学。我们探讨的是与这些具体知识直接相关的客观对象。例如在以上两个例子中，本书所说的依据对象主要为直接决定该知识的前人的理论成果、相关事实，而不是最终根源意义上的客观物质世界对象；指向对象则是与相关知识内容直接有关的对象。本书中，实践、认识对象、检验尺度等都相对特定的主体及其具体知识才有意义。本书所说的依据对象、指向对象是隶属于每一主体的特定知识的一对概念。可见，本书不是局限于从类与类的层面上讨论知识与实践、客体等的关系，而是从各类中的每一分子与其他类中每一分子的层面具体讨论它们的关系。由于采用这种思路，本书提出了依据对象、指向对象概念，得以揭示知识的一些新的特性。所以，本书的书名为：论每一知识的依据对象和指向对象。

第一章　知识、实践、客体概念

本章，我们对使用的几个主要术语、概念的含义作说明、阐述。我们先对认知、知识概念的含义作一下解释，不作进一步的探讨；本章的主要内容是对认识论中的实践概念作一些分析，并把它与客体概念区分开来。

第一节　认知、知识概念释义

我们通过几个例子看一下什么是本书所说的认知、知识。"这朵花是红的"；"物体在未受到外力作用的情况下将保持匀速直线运动或静止状态"；根据大气运行规律推断未来天气情况的思维过程并作出"明天将下雨"的判断。此处的判断就是关于客观对象"是怎样"的说明、断定，即知识；此处所说的思维过程就是旨在搞清客观对象的性质和规律情况的认知活动。

认识论中有"认识"概念。本书的"认知"可否叫"认识"？有学者指出，认识是对客体的现象、本质、规律的了解、把握、再现，认识的任务是以观念的形式把握客体本身的全部真实情况。① 所以，本书的"认知"
看来应叫"认识"。但是，目前关于认识的定义一般为：认识指主体对客
体的能动反映过程及其结果。符合该定义的意识显然不仅限于认知，至少
还应包括情感、意向等意识。所以，用"认识"一词来表述"说明、断定
外界情况的意识"易引起混淆。另外，目前的"认识"一词除了包括对外
界事物"是怎样"的说明外，不少情况下还包括评价意识，包括实践之前
确定的目的意识、行动之前的方案、计划等实践观念。后边这些意识与认
知不属于同一类意识（国内哲学界已经明确地把认知意识与实践观念区分
开）。它们不属于本书讨论的内容。再者，学术界似乎也有不少人把认识与
认知区分开来。所以，本书这样定义认知，可以避免误解，也与习惯用法
一致。

认知是意识的一种。任何意识既有相应的意识的过程，也有意识过程
的结果。目前"认知"一词似乎主要指说明客体的意识过程。过程的结果
叫什么？不少学者叫做"知识"。"知识"的涵义学界理解并非一致，需要
作点解释。目前的"知识"一词不仅指说明、描述客观对象情况的判断，
还有学者所说的知识包括"应当怎样"的规范性意识，包括操作规则、如
何做事的程序性的意识。本书认为，后边这些意识都不属于认知，不在本
书的讨论之列。本书讨论的知识也不包括逻辑、数学知识。当代知识论中，
"知识"一词仅指正确的认识成果，仅指证实了的真的信念。本书中，"知
识"包括未经证实的猜测，只要它的内容是关于客体的断定就是知识。

所以，一般情况下，本书中"认知"仅仅指旨在搞清客体情况的意识
过程、思维活动；"知识"仅仅是对客体情况"是怎样"的说明、断定。为
方便起见，认知的过程和认知的结果即知识，本书都叫"认知"。本书中，
有时提到"认识论"，也仅仅指关于认知意识的意识论。有时提到"认识"，

---

① 田心铭.认识的反思 [M].北京：人民出版社，2000（14）.

也只是指认知、知识。从外延上来看，认知有感性和理性形式之分，有真理和谬误之分，有对外界的认知和对主体自我的认知之分，从时间上来看，分为对过去事物的认知、对当前事物的认知和对未来事物的预测，等等。

　　本书讨论的依据对象、指向对象仅仅对于认知的结果——知识而言。知识的构成单元从逻辑形式上来看是判断。所以，本书有关这些对象的概念相对每一知识判断而言。本书中"每一知识"主要指一个个的判断，而不是一个理论体系。

第二节　认识论中的实践概念及其与客体概念的区别

　　本书研究的知识的两个对象大体来说属于客体，但后边的讨论也将涉及实践概念，涉及实践与客体关系的内容。而目前认识论对实践概念的理解并非一致，关于实践与客体概念关系的论述也有分歧。这方面的一些观点不令人满意。为了保证后边的研究特别是第四章关于知识检验的研究概念明确，逻辑严密，避免歧义，在此，需要花大气力对认识论中的实践概念作一些讨论，从而把它与客体概念明确地区分开。

　　以下，我们分为四大部分讨论认识论中的实践概念。

　　第一部分，介绍一下实践概念研究的两个理论前提、原则。

　　第一个理论前提。探讨实践概念，应该严格地区分如下两类不同性质的问题、内容：人类作用外界的客观物质活动都有哪些特性；不同的哲学学科应该抽取实际中的具有许多属性的客观人类活动的哪一个层次、侧面、属性进行研究，建立相应的本学科的实践概念。

　　我们说的实践概念指的是人的一种活动，人的客观物质活动。不同的人类活动作用的对象、活动的主体、达到的目的、对主体的意义等都会不一样，在不同的关系中它也会表现出许许多多的不同的属性。例如，从认识论角度来看，人的活动具有把主观与客观联系起来的特性；它还可以成为认识的对象，具有提供认识信息的功能。从人类学角度来看，它是人的最基本的存在方式，决定着人的产生、存在、发展、命运。再从社会学、历史观角度看，它是人类社会存在的基础，是制约社会性质、面貌的决定性因素，是推动社会历史发展的根本动力。这些对客观的人类活动的诸多属性、不同层面的研究都可以叫做关于实践的研究。不难看到，"实践"是一个复杂的、具有许多属性的研究对象。

另一方面，不同的学科对具有诸多属性的客观人类活动可以仅仅从其中的某一个方面进行研究；可以撇去其他属性，只把人类活动看做是有某种单一、特定属性的活动；也即把本学科的实践概念仅仅定义为具有某种单一属性的人类活动。这样做是合理的、必要的。例如，人是包括生理、心理、社会文化等诸多属性的复杂的系统。生理学、心理学、社会及历史学分别研究生理的人、心理的人、社会文化层面的人，分别建立了适合各自学科的人的概念。不同的学科研究的对象、目的、角度不一样，涉及到客观的人类活动的层面、特性也会不同，它们建立的各自的关于人类活动的实践概念也可以不完全一样。从社会学、历史观角度探讨人类活动，提出实践概念，就应该且必须把上述人类活动的社会历史属性提取出来，作为概念的内涵；至于人类活动可以成为认识的信息源的属性，就不必纳入。同样，在认识论中讨论认识，涉及到人类活动，也应该仅仅侧重于考察人类活动的那些对认识有直接决定、影响作用的方面、属性，也应该只把这方面的属性提取出来作为认识论实践概念的内涵。这方面的内容属于怎样描述客观的人类活动为宜的探讨，属于认识论的实践概念应该抽取具有许多属性的现实人类活动中的哪一属性作为自己的内涵的研究。这种研究，似乎主要不是关于客观的人类活动有哪些属性的实证性的研究，而属于一种"应该怎样"的研究。判定研究成果的依据很大程度上是我们的主观需要、研究目的。

把以上两方面区分开，是本书实践概念探讨的理论前提、基本原则。国内哲学界以往的一些实践研究，似乎有把这两方面混淆或者没有明确区分开的情况。当然，这两方面的研究也不可能完全无关、绝对地分开。探讨客观的人类活动的实际特性，总要在一定的概念框架下进行；关于建立怎样的实践概念为宜的讨论，也总会涉及客观的人类活动的实际特性。本书主要是上述后一方面关于认识论中应该建立哪一内涵的实践概念为宜的讨论。

第二个理论前提。某一学科的实践概念一旦明确地指定了其内涵，或者在使用中已经赋予了确定的涵义，则在同样的情况下，如果没有作特别的说明，就应该自始至终在指定的涵义下理解、使用此概念。这是逻辑上遵守同一律的要求。该要求也是本书实践概念探讨的基本原则之一。

第二部分，我们对目前哲学界的主要限于认识论的五种实践概念作一下梳理，评价其优劣，重点对它们作一下逻辑层面的分析。

先看第一种实践概念定义。国内认识论中关于实践概念的一种有代表性的表述为：实践是主体和客体之间实际的相互作用。[①] 实践不是实体范畴，而是作为实践主体的人作用于客体的关系范畴。[②] 在论述知识的检验时，教科书中一个较普遍的观点认为：实践是联结主观与客观的桥梁、纽带。该观点可以看作对实践概念的一个定义。对这几个关于实践概念的表述，我们可以暂时先不管它反映的内容的对错，仅仅从它的语义上、逻辑上理解其内涵：该概念指称的是一个既不属于主体，也不属于客体，而是它们之间的关系的东西；它是一个不等于主体、客体、认识概念且与之处于同一

① 夏甄陶.认识论引论［M］北京：人民出版社.1986（111）.

② 齐振海.中国当代哲学问题研究［M］.北京：中共中央党校出版社.1995（31）.

序列的概念；它提取的仅限于客观的人类活动诸多属性中的"联系主客观"的特性。因此，我们在使用时，就不能用它指称主体；也不能指称客体，不能说实践是认识对象。如此规定，与客观的人类活动实际上能否成为认识对象无关，这只是我们在概念使用上不能违反同一律的要求。不少学者在论述知识的检验时指出，实践是检验的手段、方法、途径。此处的手段实践即为"联系主客观"意义的实践。这一关于实践概念的表述我们简称为"实践关系说"，该意义的实践我们简称为"关系实践"。

再看第二种实践概念定义。还有的学者认为，实践只是客观的物质活动，是认识的客体，不是联系主观与客观的桥梁。[①] 单纯从认识论中的实践概念的定义来看，该实践概念的内涵指称的就不是主体与客体的相互作用、关系，而是"桥梁"联系的某一方——作为客体的客观物质活动；该概念抽象、提取的只是客观的人类活动诸多属性中的"可以成为认识的对象"的特性作为它的内涵。我们称此实践概念定义为"实践客体说"。

可以看到，以上两种实践概念定义从逻辑上来看，各自都可以成立。并且，它们的内涵在逻辑上互相排斥，不能没有矛盾地共存于同一个概念中。

第三种实践概念定义。在认识论中，实践概念的一个传统的、有代表性的定义即：实践是人类有目的地探索和变革客观世界的感性的客观物质活动。该定义指出了实践是人的一种活动，是人的一种感性的客观的活动，是人能动地作用外界的客观活动。该定义似乎包含着如下两种意义、内容：第一，实践是"可感知的"客观物质活动，所以实践可以成为主体的认识对象、客体；第二，实践是主体对客体的客观的物质的作用，是联系主观与客观的桥梁。假如该实践概念包含这两种意义，则它在认识论中就是一个过于宽泛的、不严谨的概念。由上可见，这两种涵义在逻辑上不相

---

① 吴建国，崔绪治. 关于认识与实践关系的再探讨［J］. 哲学研究，1981（3）；鲁品越. 实践是客观物质活动——"实践桥梁说"质疑［J］. 教学与研究，1995（1）.

容，不应该作为同一个概念的内涵的成分。此概念定义在逻辑上不能令我们满意，不宜采用。

我们重点考察第四种实践概念定义。

这种实践概念定义在表述上并不统一，似乎与第三种定义的界限不是很清晰。它可以是"人类有目的地探索和变革客观世界的感性的客观物质活动"，或者是"主体对客体的客观作用"。但该定义共同的实质意义即：一方面，把实践概念理解为与客体概念处于同一序列的又不等于客体的认识论的基本概念，另一方面，又把同一个实践概念归属客体概念。也就是说，一方面，用"实践"一词指称主体对客体的客观作用；另一方面，未作任何说明，又用同一个"实践"指称作用的某一方——认识对象，甚至，还用同一个"实践"指称主客体作用的结果。且不说这种表述的内容是否符合客观，单纯从逻辑上来看，该表述违反了同一律。如果把实践概念仅仅定义为主体对客体的作用，则"实践"一词所指的就只能局限于"作用"的意义。我们就不能再用它指称作用的某一方，或者作用的结果。这是不言而喻的。除非你把实践概念定义为"主客体的作用及其作用对象、作用结果"。实际中，人的客观活动一点离不开活动的对象，也必然伴随着活动的结果。但这与概念在逻辑上应该如何指称不是一回事，不能成为可以用联系主客观的实践概念指称活动对象及其结果的理由。正如实际中实践一点也离不开指导它的知识，但在概念上我们不会用"实践"指称知识一样。

不过，这种逻辑上不一贯的实践概念之成立似乎有不少理由，在此需要对其中的三个主要理由作一下分析。以下分析如果未作特别说明，"实践"一词均指联系主客观的意义。

学术界普遍把实践看作由实践的主体、工具、目的、对象、结果等要素构成的动态系统。似乎不少人认为，作为系统整体的实践虽然只是主体对客体的一种作用，但构成系统的要素如果有某一其他的功能，整体的实践也就具有其他的功能。例如，因为实践的对象是认识客体，所以就称实践为认识客体；因为实践的结果是检验的尺度，所以就称实践为检验的尺度。此处推理的一般模式即：因为实践的要素怎样，所以实践怎样。据此推理，本来起联系作用的实践概念就被不知不觉地更换为客体意义的实践概念。此处似乎把实践的要素与作为系统整体的实践本身画上了等号。这是上述不一贯的实践概念成立的重要理由。应该如何理解实践的要素与实践的关系？如果把实践概念理解为关系范畴，似乎它与物理学中的"力"的概念有相似之处，可以作一个比较。我们知道，力是物体之间的相互作用，它的内涵只是"作用"。力离不开施力、受力物体，有力必会导致力的效应。同样，我们把施力、受力物体及力的效应也看作力的要素，这些要素与力的关系应该跟实践的要素与实践的关系类似。显然，我们不能因为受力物体有某种功能，力的效应怎样，所以就称力有某种功能和力怎样。逻辑上不能如此推理，语言上不能这样表述。实践概念如果只指称人的活动，指称一种关系、作用，就不应把构成关系的要素也纳入指称的范围。当然，这只是在概念、逻辑上把关系与其要素分开；这并不否认实际中实践一点也离不开它的要素。另外，某一实践的要素所以有某一功能，离不开实践；但不能因此就把该功能理解为、表述为实践的功能。主体也是实践的要素，由于实践而使主体具有了某种能力，能因此就说该能力是实践的能力吗？显然不能。为什么偏偏对实践的对象、结果，我们要如此表述呢？

再看第二个理由。我们规定，实践只是主体与客体的一种关系、作用。但另一方面，不仅组成该实践的主体、对象、结果等要素，而且该实践过程本身都可以成为认识的对象。所以，实践既是主客体的关系，又是客体。对此，我们可以作一个比较，看看主体与客体概念的关系。我们知道，主体、主体的意识都可以成为人们的认识对象。此时，应该称之为客体，而不能叫主体。否则即违反同一律。实践与客体概念的关系跟主体与客体概念的关系在这方面完全一样。客观的人类活动对于主体及其认识如果是联系主客观的作用，就不能称之为客体，只能称之为关系意义的实践；客观的人类活动、主客体的关系本身对于主体及其认识而言是认识对象，就只能称之为客体，不能叫关系意义的实践。否则即违反同一律。即使我们都称之为实践，实质上也是一词多义，是两个概念。可见，联系主客观的特性及充当客体的特性虽然属于同一个人类活动，但我们应该用两个不同的概念指称、表述它。

我们考察第三个理由。许多人把实践的结果既用联系主客体的实践指称，又把它称为客体，也就是说，认为实践的结果应该纳入实践范畴。不少学者指出，实践过程与结果不可分割，所以结果应归于实践。这理由难以成立。实践与待检知识及主体等同样不可分，这并不妨碍我们在理论上作区分。还有学者认为，实践的最后结果是实践过程中许许多多小的结果的综合，所以，实践结果必然是实践的要素。如果把实践总的过程中许多小的结果称之为"结果"，则逻辑上也就意味着把总的实践过程分解了，这时的实践只能理解为许多小的结果之前的那一个个的阶段性实践。所以，实践的结果仍然不应归属实践范畴。或许还有人会说，实践的结果是合目的性与合规律性的统一，是精神因素与物质客体的统一，它既与理论指导相联系，又受客观规律制约。因此，称之为、归之为联系主客观的实践概念符合逻辑。该观点值得商榷。实际上，只能说导致实践结果产生的因素中既有客观因素，又有主观因素。结果本身则完全是客观的。总之，既然把实践概念的内涵仅仅规定为人类的"活动"、一种"作用"，一种原因，就不能又把活动、作用的"结果"纳入指称范围。这是遵守逻辑同一律的要求，是遵守你自己的概念定义的要求，与客观的情况怎样无关。

综上所述，第四种实践概念违反同一律，其成立的理由也站不住脚，故不宜在认识论中采用。

我们考察第五种实践概念定义。

在认识论中我们常说，认识产生于实践的需要，实践为认识提供物质条件、工具，实践是认识的目的。此处的"实践"一词既不能理解为关系实践，也不能理解为客体实践。此处的"实践"指称的主要为具有社会历史属性、人类学属性的客观人类活动。该实践的涵义主要应理解为"人类社会存在的基础""人的最基本的存在方式"等。本书把它称之为"社会历史层面的实践"。该意义的实践概念是可以成立的，也有必要引入。

由上可见，除去第三、第四种实践概念不可取，目前认识论中的实践概念至少有三种涵义。那么，认识论难道需要引入三个不同意义的实践概念？认识论中，实践概念都不能统一，整个哲学更难做到。这种情况不能令人满意。或许我们可以说，不必那么麻烦，非要从认识论角度出发，抽象出客观的人类活动的某一属性作为实践概念的内涵。我们可以认为，"实践"指的就是"客观的人类活动"，它既有联系主客观的特性，也有信息源的功能，还是人类社会的基础。似乎目前许多学者都在这个意义上使用实践概念。平常我们也都是这样使用"实践"一词的。这样的实践概念也能普遍适用于整个哲学。然而，问题在于，尽管你的实践概念从定义上包括"关系"属性、"客体"属性以及社会历史属性，但当你只是进入认识论领域时，使用这样的概念讨论具体的认识论问题，概念的名称没变，它相对具体的认识论问题，实际上指称的对象、代表的意义却不一样。由前边的论述可见，相对不同的问题，概念的涵义实际上仅限于其中的某一种。判定一个概念的涵义，不能只看其的定义，还应该考察它在实际使用过程中表现出来的意义。这是逻辑一贯的要求。只有不仅在定义上，而且在实际使用的所有场合，实践概念指称的都包括上述所有属性，才能称之为普遍适用的实践概念。因此，提出一个统一的实践概念固然方便，又与平常的习惯一致，但在逻辑上不能保证一贯。国内哲学界许多问题的争论，与实践概念在使用中的不一贯有关。看来，需要区分实践概念的平常习惯用法和具有严密的逻辑体系的理论学科中的使用。在日常生活不会产生歧义的情况下，或许我们可以把实践理解为包含许多属性的"客观的人类活动"；

但在认识论这样的理论学科中，我们应该把遵循逻辑规则放在首位，所以，应该分别提出关于人类活动的不同的概念。限于水平，本书目前还做不到在认识论中提出一个既遵守逻辑又符合实际的普遍适用的实践概念。

认识论中，社会历史层面的实践概念适用于什么地方？它与认识的关系跟关系实践、客体实践与认识的关系有何不同？似乎可以这样理解：如果站在整个社会历史的宏观、总体立场上，把人的认识现象放在整个社会的联系、历史的链条中，考察认识与人的活动等社会历史因素的相互作用，就需要引入社会历史层面的实践概念；如果把人的认识现象从整个社会联系、历史链条中割断，提取出来单独考察，把社会历史层面的实践对人的认识的决定作用当做既有的前提，对人的认识进行具体、深入的考察时，就需要引入关系实践或者客体实践概念。可以看到，社会历史层面的实践只是认识活动的外部条件，它只提供了认识活动的必要的前提；在这些外部条件具备后，如果具体考察认识活动怎样形成和检验，似乎就应该在"关系"或者"客体"的意义上使用实践概念。本书仅限于具体讨论认识的形成和检验，所以本书后边的实践概念主要是联系主客观意义的实践概念，也包括客体意义的实践概念。然而，应该看到，在认识论中实际存在着三个关于人类活动的概念，或者叫三个实践概念；从逻辑上来看，也应该提出三个关于人类活动的概念。

现在，我们进入实践概念探讨的第三部分。

上面我们主要讨论了两种实践概念在逻辑上的可行性。要确立两个概念，还必须作如下三个方面的阐述、论证：第一，对两种实践概念的涵义作更具体、准确的解释，这是我们重点要论述的内容之一，解释不对或不清楚，会引起误解，导致不必要的争论。第二，说明提出这样的概念有何意义。第三，再讨论这两个概念叫什么名称合适，哪一个叫"实践"为宜。以下我们分别对两种实践概念作考察。

先考察"实践客体说"。单从认识论角度来看，客体意义的实践概念的内涵应该如何规定？关于客体概念，一般认为：它是主体认识和实践的对象，或主体对象性活动指向的客观事物。对象，"是被主体确定为认识和实践活动目标的物质现象或精神现象"。^①可见，客体概念的本质属性是"对象性"，是认识和实践活动的目标。因此，如果在认识论中提出一个不同于联系主客体意义的客体意义的实践概念，它的内涵只应该是客观人类活动具有的"成为认识对象"或"成为认识活动的目标"的特性。持"实践客体说"定义的学者指出，实践的最本质的特性是客观性、物质性。如果只从认识论的层面来看，此定义似乎不妥，外延过宽。那么，提出此概念有何必要？旧唯物主义认识论中，客体只是现成的既有的客观事物，是一个与人的活动没有关系的对象。马克思主义经典作家则指出，对于客体、现实，应把它理解为人的感性活动，一定要把人的感性活动当做感觉的对象、认识客体。单从认识论来看，马克思主义经典作家的这一观点是对人类的认知客体的认识的深化，一个重要的发展。所以，这一概念有必要，有意义。只不过，该实践概念既然属于客体，它就不是与主体、客体、认识概念处于同一序列的认识论的基本概念，而是隶属于"客体"概念的一个子概念了。显然，不论怎样理解，它的外延总小于客体概念。至于此概念叫什么名称为宜，稍后一并讨论。

我们再讨论"实践关系说"。先讨论它的涵义。指出实践是主体与客体的客观的关系仍有些模糊，仍然可能把它与客体概念混淆。所以，如何解释它既是一种客观的作用，又不属于客体，是该定义的关键。目前，似乎对关系实践概念缺少详尽、全面的解释。因此也引起"实践客体说"的不满，导致一些误解。在国内认识论关于知识检验的论述中，可以见到对实践的联系主客观作用的具体解释：实践依照根据一定的理论认识制定的

---

^① 黄楠森，李宗阳，涂荫森. 哲学概念辨析词典［M］. 北京：中共中央党校出版社，1993（232）.

目的、计划，通过运用手段的感性活动，作用于外部现实的客体，实践就把人的理论认识带出主观观念的领域而同客观现实直接联系起来。① 教科书的一般表述为：主观见之于客观，目的物化的过程，即把主观与客观联系起来的过程。该解释似乎主要适用于认识的检验，并不完全适用于认识的形成。即使对于认识的检验，该解释似乎也只能认为大体上正确。或许它对主体的目的等意识如何与客观联系起来的解释完全正确，但对认知性的知识如何与客观联系起来，该解释并不完全准确。（第四章第二节将详细讨论）在此，我们阐述一下本书对实践的联系主客观作用的解释，稍后还将给出更详细的解说。本书认为，客观的人类活动所具有的"联系主客观"特性通过主体对外界的主动作用实现。该作用以"变革"外界对象为主，但不仅限于此。在主体对外界的主动的变革、干预、影响、作用、甚至接近的过程中，或者说通过这一过程，就使主体与客体联系了起来。所以，我们下边关键是搞清"主体对客体的主动作用"这样的实践概念涵义。旧唯物主义认识论认为，人的认知是外界作用于人的感官的结果，人在认知中是消极被动的。马克思主义认识论则指出，人的认知固然离不开客观对象，但它首先是主体自觉主动地作用、干预外界，特别是变革、改造外界的结果。主体的主动作用是认知产生的最初动因。② 在以上观点的基础上，本书进一步认为，如果把决定认知产生和存在的前提、各种因素从逻辑上划分为几个阶段，则"主体的能动作用"是一个不同于"客体的作用"的独立的环节、阶段，并且是最初的第一个阶段。不论要形成一个知识还是检验一个知识，首先发生的第一件事即：主体对**外界**（即实践要作用的对象，不一定是客体）进行了一种主动的以变革为主的作用、干预。这是认知活动产生、存在的第一个事实前提、逻辑前提。在该作用发生后，在

---

① 夏甄陶.认识论引论［M］.北京：人民出版社，1986（395）.

② 郑庆林.也谈认识的源泉——与李伯钿同志商榷［J］.哲学研究，1982（11）.

这种作用的过程中，将要认知的**客体**才会产生出来，或者待检知识所要比照的事实才能呈现、暴露出来，即认识客体出现并与主体接近。这是认知活动产生、存在的第二个前提。最后，才会有主体反映客体形成知识，或知识检验的完成。可见，主体对外界已有对象进行主动地作用从而产生新客体且使主客体接近，并且主体的主动作用作为始动因素能导致认知发生，这才是实践的联系主客观的涵义。这些内容是客体概念无法涵盖、不能取代、没有包含的，当然也是客体意义的实践概念不可能容纳的。该特性对于人类的认识非常重要，认识论要准确、真实地再现客观的认识现象，必须引入这样的概念。所以，提出该实践概念很有必要、很有意义。

现在，我们集中讨论以上两种有关客观的人类活动的概念如何命名。按照以上论述，本书即认为，在认识论中应该提出两个有关客观的人类活动的概念。一个是与主体、客体概念并列的认识论的基本概念，一个则是"客体"这一属概念之下的一个种概念。那么，哪一个概念叫"实践"合适？目前一般认为，认识论中叫做实践的概念是与主体、客体概念并列的认识论的基本概念；目前认识论的实践概念的主要涵义似乎即指"主体对客体的能动作用"。所以，我们把"主体对客体的主动作用"称之为"实践"更为合适，更符合习惯。不过，作为客体的客观人类活动，目前习惯上也叫实践。如果也依从该习惯，就会在同一学科中出现"一词多义"现象。这会导致歧义。似乎也不很妥当。本书建议：兼顾习惯以及尽可能避免重名，对作为客体的客观的人类活动，可以叫"实践活动客体"这一名称。

由上可见，认识论中实践概念的探讨，与概念指称的客观人类活动实际"是怎样"的实证探讨有关。另一方面，它很大程度上是一种"应该怎样"的研究：概念应该抽取人类活动的哪一属性作为内涵，引入怎样的概念有意义，哪一个概念叫"实践"合适。这两方面虽然有联系，但有区别，不能混淆。否则会陷入无谓的争论，会引起误解。例如，"实践客体说"认为，实践不是联系主观与客观的桥梁。对此就可以有两种理解：其一，实际的客观人类活动不具有联系主客观作用；果真如此，该观点就是错误的。其二，应该提出一个客体意义的实践概念，没必要提出联系主客观的实践概念；该观点则有些道理，不能说错误。"实践关系说"认为实践不是认识对象，也可以引出相似的两种理解。从对客观现实的反映角度来说，指出人类活动仅仅有联系主客观的作用，或者仅仅具有认识对象的功能，都有片面性；但从提出怎样的实践概念为宜、有必要角度来看，似乎难以绝对地断定谁对谁非，对此似乎主要应通过协商达成共识解决分歧。本书认为，"实践客体说"与"实践关系说"都有提出的根据，在认识论中都有存在的必要。我们不应"非此即彼"，要么这一个要么那一个；而应该既要这一个又要那一个。只不过需特别注意，从逻辑上来看，这里是两个概念，应避免混淆。

最后，我们进入实践概念探讨的第四部分。

前面，我们只是原则上把关系实践与客体实践等区分开。要真正确立认识论中的关系实践概念，还需要对其的"联系主客观"的涵义从以下五个方面作更深入、具体的阐述、解释。

第一个方面。上边，我们沿用目前的习惯表述，指出关系实践是"主体对客体的能动作用"。该观点虽然不能认为错误，但有缺陷，也易引起误解。其中的"客体"仅指实践指向、作用的对象，没有包括实践的结果。把实践仅定义为一种作用虽然并非错误，但不全面，未揭示这种作用的直接目的、结果；并且，该定义似乎容易给人一种印象，认识客体只是实践的对象。应强调指出，认识对象、客体与实践对象有区别。实践的对象当然也属于认识客体，但在变革外界的实践中，主体要把握、认识的主要是它作用实践对象以后所产生出来的实践结果的事实。认识论中，实践的结果是主要的认识客体。（后边将详细讨论）认识论层面的实践的"作用外界对象"只是手段、过程，它的直接目的即产生、呈现以实践结果为主的认识对象、客体。因此，认识论层面的关系实践概念的本质即：它是主体能动地作用外界对象（该对象不一定是主体要把握的客体）产生认识客体（主要为实践的结果）的客观活动。在认识形成阶段，不论生产实践、科学实验实践，都是通过主体主动地变革、改造外界，把待考察的对象、事实"创造"、产生出来并使它与主体接近；或者通过一种主动地干预、影响，甚至直接接触、接近，使待考察的对象呈现在主体面前。只有如此，反映该对象的认识才能得以形成。生产实践的直接目的为追求某种实用价值，但变革外界实现功利目的的过程，同时也可以看作变革外界使相应的客体对象（主要为实践的结果）呈现、产生的过程。在认识检验阶段，实践作为检验的手段的直接目的即让检验的客观事实尺度——实践的结果展现出来，有了这个"对照物"，并且呈现在主体面前，使主客体直接面对面，从而才能使主观认识与客观对象的判定成为可能。（第二章第二节特别是第四章将详细讨论这些内容）因此，把实践定义为"联系主客体的活动"，其中的"客体"当然包括实践的对象，但主要指主体作用于实践对象所产生的结果事实。不论在认识的形成还是检验阶段，通过实践对外界的主动作用，使实践结果这一认识客体产生出来，并使它呈现在主体的面前，这就是实践的"把主体与客体联系起来"的主要含义。

第二个方面。联系主客体的实践是一个相对特定的主体或主体认识才有意义、才成立的概念。客观的人类活动是否起联系作用从而可以称作实践，因主体而异。例如，科学家进行的科学实验，对科学家而言是典型地创造认识对象从而联系主客体的活动；但对到实验室参观的局外人而言，整个实验过程及结果仅作为观察的对象，不起联系主客体的作用。任何一实践活动只能把特定的主体及其认识与客体联系起来，所以该联系也只对该特定主体才成立。从另一方面看，任何一种人类活动仅仅因为它是达到或创造某特定认识对象或者检验尺度的手段，才具有联系主客体的作用，所以它之于实践也是相对于它要直接达到的目标、联系的对象而言的。实践概念的相对性是逻辑一贯要求的结果。既然你规定了实践概念的内涵只限于联系主客观，而某一种人类活动是否有联系主客观的特性，只相对特定的主体而言，所以，某一种人类活动是否应该称做实践，就不能绝对化，也应该有相对性。如果它对主体而言是达到、产生待考察对象的手段、途径，就应叫实践；如果它对主体而言是要考察的对象本身，就应叫客体。

第三个方面。持"实践客体说"的学者在质疑"实践关系说"时指出，该观点把世界二重化乃至三重化，似乎世界有三部分：人的主观世界，离开实践独立存在的外在客观世界，以及二者之间的桥梁的实践。[①] 对关系实践的这种理解不可取，至少本书的实践概念涵义并非如此。有些学者在理解实践概念时认为，实践要么是客观的物质活动，要么是主观的精神活动，要么就是这两种活动的统一，即客观与主观的统一。从这个思路出发，就把联系主客观的实践概念理解为第三种意义。在哲学的其他学科中这样理解是否可以暂且不论，但至少在认识论中，不能这样理解。不能把联系主客观的实践理解为一个具有本体论意味的实体概念，它不属于标识一种客观存在种类的概念。现实中，也不可能存在着一种既非意识也非外在客观世界的介于二者之间的东西。关系实践概念与客体概念相对应。提出该概念的宗旨似乎主要是从认识论层面区分开决定人的认识的两种因素：一种是导致认识形成的主体的积极的始动因素，是产生认识对象的手段；一种是人的认识的信息源，考察的对象。并且，这也只是从两种因素的功能、对主体的意义上作的区分，不可能是两种实体的划分。指出存在着联系主客观桥梁的实践，不能因此就认为客体仅限于离开实践独立的外在世界，不包括客观的人类活动。这只是说，从逻辑上来看，客体指称的对象不能用起联系主客体作用的"实践"一词表述，"客体"不能用来指称正在起联

① 鲁品越.实践是客观物质活动——"实践桥梁说"质疑［J］.教学与研究,1995（1）.

系主客体作用的那一种人类活动，而不能理解为客体指称的对象实际中与起联系作用的人的活动没有关系。人类活动也可以成为认识客体，但这时它不可能起"桥梁"作用，所以不应称之为"实践"。

第四个方面。实践有多种形式。不论怎样的人类活动，只要它具有能动地作用外界产生认识客体并使主客体接近的功能，就可以、就应该叫实践。科学实验实践的直接目的即为了创造、呈现认识对象。例如吴健雄进行的验证宇称不守恒定律的著名实验，直接目的就是在极端的条件下把钴原子核在 β 衰变中宇称是否守恒的事实"创造"出来，并展示在主体面前。生产实践的直接目的和主要功能是获取实用价值。但在制作某种物品的变革活动中，事物的原本未曾暴露、呈现的现象、规律性出现了，所以在这个意义上它也可以看作创造认识对象的活动，也具有使认识形成、检验完成的积极的始动功能。我们把生产实践看作认识论层面上的联系主观认知与客观对象的活动，主要根据它的后一功能。在第四章第二节第三部分，通过对生产实践的检验知识的认识功能的具体分析，我们可以更加清楚什么是认识论层面上的生产实践。认识论研究的对象是认识、认知，所以，考察客观的人类活动的角度、出发点，也只应该侧重于它在认识方面的功能。认识论的实践概念就是从创造、呈现认识对象这一角度扫视整个客观的人类活动而得出的一个抽象，它并非仅限于纯粹的以呈现认识对象为直接目的的科学实验。

第五个方面。关系实践概念的核心思想即主体的一种主动作用。因此，只要主体的活动是一种主动进行的客观的活动，并起到了联系主客观的作用，就应该称作实践。它的主要代表形式当然为主动地"变革、改造"外界的实践。所谓"变革外界"，从认识论角度看，主要即"创造"认识对象。除了这种形式外，主体主动地接触、接近客体的活动，也能起到联系主客体的作用，也应该看做实践。因为这些活动也体现了主体对客体的一种主动性、能动的作用，可以成为认知产生的始动因素；并且，促使主客体接近，让客体呈现在主体面前，就是把它们联系起来。联系主客体，很重要的一点就是主客体的接近。即使"创造"了客体，假如它不能接近主体，无法对它认识，最终还不能算实现了联系。可见，把"接触、接近"包括在实践概念中，符合实践概念的基本涵义，具有合理性。并且，如果把实践概念仅仅局限于改造对象的活动，那么，在讨论知识的形成或检验时，就不能认为（改造对象的）实践是全部知识的唯一的源泉或检验途径。因为至少有些感性知识的形成或检验可以只通过单纯的接触、接近活动实现。从表述角度来看，似乎这样也不妥当。学术界也已经有一种观点认为，"实践是主体接触、变革客体的物质活动"。① 应该指出，所谓"接触、接近"客体，不一定是接近物理客体，往往是接近待认识的物质对象的信息。在认识论范围内，主体接触客体的目的不是为了占有客体，享用它。例如在天文观测活动中，主体主动地转动头部对准镜头，调整望远镜的角度、位置，等等，这些能动的活动使遥远的天体的信息通过望远镜接近了主体，所以，这些活动属于实践。

对实践概念的讨论告一段落。为避免歧义，在此对本书的客体概念再作几点说明。第三章还将讨论客体概念。

客体有认识客体、实践客体、价值客体、审美客体等意义，它们有所不同。本书中的客体仅指认识客体。目前"客观事物"一词似乎主要指实践活动客体以外的客观物质世界。按照该词义，本书的客体既包括客观事物，也包括作为客体的人类实践活动及其结果，以及主观的精神，等等。对于这些客体，本书统称为"客观对象"。特别要指出，认识客体主要不是指现成的客观事物，或者实践所要变革的对象，改造指向的对象，即一般所说的实践对象；它主要指变革外界对象后新产生出来的客观现象、事实，即实践结果。实践结果不仅包括实践的最终的结果，也包括在实践过程中

---

① 齐振海 . 中国当代哲学问题研究［M］. 北京：中共中央党校出版社，1995（35）.

的阶段性、中间性结果。每一阶段性结果都是由在它之前的那一"阶段性实践"作用于实践对象产生出来的新事实。这样理解的实践结果即前边所说的实践作用外界"创造"出来的客体。

第二章　依据对象和指向对象的基本概念

第一节　每一知识的依据对象和指向对象的实例考察

本节，我们先一般地指出什么是知识的依据对象、指向对象；然后，通过对一些典型实例的考察，指出每一知识的这两个对象是不同的，这种不同是明显的，有必要分别给予不同的指征。

人的知识是怎样产生的？它的内容由什么决定？我们说，人的知识的内容来自于实践。这是说，实践是知识内容产生的途径、手段，实践是知识产生的最初动因、始动因素。现在要问，知识的内容由谁提供？从信息论角度来说，即信息源是谁？显然，只能说是客观外界对象，主要是实践中呈现出来的客观事实，它包括作为客体的实践的结果、实践过程本身。本书，我们考察的着眼点是一个个具体的知识。对于主体的每一具体的知识而言，给它提供信息的外界对象当然也是特定的、有限的外界对象。主体的每一知识，都有一个决定它内容的特定的具体的对象，都有一个这一知识之产生所依据的特定的具体的对象。受主体所处的社会实践条件、实践的物质手段的限制，以及自身肉体、精神状况的限制，依据的对象只能是客观对象无限的总联系中的某一部分，是客观对象无限过程的某一阶段。相对每一知识这样的特定对象，就是本书说的"依据对象"。或许我们会说，这样的对象也就是平常所说的"每一知识的反映对象"。既然有"反映对象"概念了，何必再杜撰什么"依据对象"呢？关于反映对象与依据对象的关系，本书将在第三章专门讨论。在此我们暂不作说明，仍使用"依据对象"一词。

我们知道，只要是一个知识，它的内容都是关于某一特定对象的情况是怎样的断定，它断定的只能是无限的客观世界中的某一方面、某一层次。一个知识的内容不可能包罗万象。不同学科的知识指向的对象不同，感性、理性知识指向的对象的范围、内容也不一样。每一具体知识的内容指向的那一特定的客观对象，我们就叫"这一知识的指向对象"。

每一特定知识都有一个依据对象、指向对象，似乎是显而易见、不言而喻的。对这么明显的事实有什么必要讨论呢？本书认为，每一知识都有的这两个对象，如果实际上是同一个对象，或者它们没有什么很大的差别，或者虽有差别，但对知识来说这种差别的意义不大，我们似乎都没有必要对知识的这两个对象分别予以表征，提出相应的概念。所以，要在认识论中讨论知识的这两个对象，进而提出相应的两个概念，关键要搞清：每一知识的这两个对象是否有差别，差别是否明显，差别对它的知识来说是否有意义。

下边，我们通过一些典型例子，考察一下知识的上述情况。

侦探作出推测说，A 是这些物品的偷窃者。推测指向的对象是一个侦探未曾直接看到的已经过去的事实：A 在某时候是否偷窃这些物品的事实。侦探的推测的信息源、依据的事实是当前仍存在的 A 在现场留下的指纹、藏匿于家中的作案工具等事实。也就是说，推测的指向对象是发生于过去的人的行为事实；而它的依据对象却是现在仍存在的人的行为活动留下的印迹、结果。这两个对象的不同是显然的，它们有时还不一致。对于侦探的推测而言，把它们区分开来显然有必要。

天气预报说，明天会下雨。预报指向的对象是一个未来将要发生的现象。而它依据的对象却是发生于过去、现在的如下事实：观测的大气气象要素情况，天气系统的发生、发展和系统的移动方向等情况，天气变化的规律和经验。两个对象一个是未来的，一个是过去、现在的，内容也有差别。它们虽然有联系，但也可能不一致，不能混为一谈。

历史学家对历史事件、历史人物的描述、判断，指向了不可能在当前再现的、永远消逝的历史事实。这些判断之产生所依据的事实却是留存至今的史料。史料只是记录了过去的事实的一部分，与真实的事实相比，这种史料被框定在记录者有限的个人视野与感受的范围内，并且不可避免会打上记载者的主观烙印。历史判断的这两种对象之不同也是明显的，把它们区分开来很有必要。

进化论指出，所有生物都由一个共同的祖先缓慢演化即进化而来。该知识指向的也是一个过去的事实。进化论者得出这一知识，根据的是存在于当前的如下事实：古生物学化石方面的事实，比较解剖学方面的事实，胚胎学方面的事实以及生理学和生物化学方面的事实。这里，依据的事实并非直接显示着、等价于发生在过去的是否进化的事实。

关于微观世界基本粒子的知识，如对它的质量、自旋等性质的知识，它指向的对象是 10^{-13} 厘米量级的微观世界的客体。基本粒子本身的原始图像人们无法直接感知。这些知识之做出所依据的是微观粒子产生的宏观效应：云雾室中粒子穿过过饱和蒸汽产生的细雾，气泡室中产生过热溶液生成的小气泡等等。宏观效应与微观基本粒子本身是不同的，它不能把微观粒子的特性都保存下来，甚至无法把最主要、最本质的属性保存下来。[①]

心理学等以心理现象为研究对象的科学作为一种知识，它指向的研究对象是不同于物质客体的人的心理、精神的东西，人们无法直接感知。然而，人的心理活动都会在他们的行为中有所体现，在神经生理过程中表现

① 杨世昌.微观世界的哲学漫步［M］.上海：华东师范大学出版社，1989（12—28）.

出来。这些表现是心理活动的效应或产品。这些效应、产品就是心理学知识之形成所依据的事实。心理现象与外在的效应、产品有因果联系，但它们不是一种一一对应关系，也并非完全一致，有时还可能完全相反。

伽利略发现的惯性定律指出，物体在未受到外力作用时将保持自己的静止状态或匀速直线运动状态。该定律指向的、描述的对象是一种理想的极单纯的情况，现实中根本不存在。伽利略在三百年前通过实验观察到，令一个物体沿一个斜面滑动，当它从上向下运动时，速度将越来越大；当它继续沿斜面上升时，速度将越来越小。这都是重力作用引起的。由此他就推论出这样的理想实验：如果物体既不向下，也不向上，而是继续在水平面上运动，既不会加速，也不会减速，则速度将保持不变。即物体运动中如果不受外力作用，将会速度不变地继续运动。伽利略得出惯性定律依据的事实就是这些现实存在的斜面实验的事实，以及据此推出的理想实验。在这一例子中，定律的两个对象，一个是理想的非现实的，一个则主要是现实的实验结果。

科学研究中，可以用模型来代替被研究对象（原型），通过在模型上的实验模拟被研究对象的实际情况。它是根据相似原理，运用类比推理的方法将模型实验的结果类推到原型上去。例如，为制造某种飞机，根据模型的数据制作实际的飞机。关于原型的知识，例如关于"某飞机采用某设计，可达到时速某某公里"的判断，它指向的是真实的人造客体，即原型；而这一判断的依据则是模型。

由上考察可见，每一知识的这两个对象是不同的，这种差别也是显著的，对它们的知识来说，把它们区分开来也是有必要的。这些为数不少的例子也表明，这一结论至少对于许多的知识来说普遍成立。实际中，我们都有这样的经验：依据同一个事实，不同的人可能会作出不同的判断，形成不同的指向对象；而同样的两个知识，有相同的指向对象，它们的依据对象则可以是不同的。所以，在认识论中，我们对每一知识的这两个对象分别予以标识，提出知识的依据对象、指向对象概念，具有可能性，也有必要。

　　如果仅仅指出每一知识都有两个有差别的依据对象、指向对象，这似乎还停留在对客观的认知事实的感性认识水平。我们应该对每一知识的这两个对象作更深入的考察：它们分别具有什么特性？更高的要求：应该揭示出对任何一个知识的这两个对象都适用的本质的特征。只有这样，对知识的这两个对象的认知似乎才算达到了理性的水平。后边我们将作这方面的探讨。

第二节　知识的依据对象是作用知识的主体的对象

　　本节，我们试图揭示主体的任何一个知识的依据对象是否都存在着一种共同具有的属性。此处的讨论不是一种哲学的思辨性的研究，而是一种具有一定实证性的研究。我们要揭示的依据对象的特性应该是一种客观存在的认知方面的事实，据此应能够区分开某一知识的依据对象和非依据对象。

一、什么是作用主体对象

　　国内认识论一般认为，知识的客体是进入人的实践和认识领域的那一部分客观对象。本书所说的依据对象大体来说属于客体。因此，我们可以断定，知识的依据对象就是进入主体的实践和认识领域的对象。其中的

"进入人的实践和认识领域"是一个定语，它断定了知识的依据对象的特有属性。该属性能够作为知识的依据对象的特有属性吗？下边，我们结合上一节的实例作一下考察。

先分析一下"进入认识领域"能否作为依据对象的特有属性。"进入认识领域"，似乎是一个有些含糊的表述。一种理解，成为主体认识、指向的对象，包括成为主体将要认识的对象，将要搞清的对象，即进入认识的领域。按此理解，明天的天气情况，他人的心理活动作为我们的认识对象，也可以叫"进入认识领域"。而上一章我们已经指出，它们不能成为相应知识的依据对象。另一种理解，"进入实践领域"中的"实践"仅指"变革"外界的活动，与之并列的"进入认识领域"仅指非变革外界活动中的"被主体感知、观察"。这就是说，主体的依据对象的特有属性即"被主体感知、观察"。按此理解，"进入认识领域的对象"就与本书的"作用主体对象"涵义基本一致，属于同一个东西。稍后我们将讨论。

我们再看一下"进入实践领域"能否成为主体的依据对象的特有属性。"进入实践领域"似乎有两种不同的意义：相应的客观事物、对象成为人的实践作用的对象，联系的另一方；某客观对象经过变革实践作用于"实践对象"而呈现出来。任何客观对象是否成为人的实践的对象，与实践有关联，是一个客观存在的事实。所以，根据外界对象是否与人的实践有关联，就可以区分开不同的外界对象。这看来可以作为知识的依据对象的特有属性。我们据此考察上一章的几个实例，看看是否适用。指纹等案犯留下的蛛丝马迹，作为侦探的案情判断的依据对象，它的特性即，是侦探的办案、取证实践活动的对象。化石的特性即它是进化论者科学考察、观察活动的对象；而三十多亿年间生物是否进化的事实则与人的实践活动没有关联，它作为进化论知识的指向对象就不可能是实践对象。因此，我们似乎可以得出结论：主体知识的依据对象的特有属性即，它是进入主体的实践领域的对象。

　　对依据对象特有属性的考察并非到此就算完结，还有一些有待解决的问题。我们来考察实际例子。侦探在作案现场的查勘活动是实践活动。现场的指纹、脚印、丢下的作案工具等都可以说是进入查勘活动领域的对象。所以，它们都可以说是案情判断的依据对象。假如这个侦探只是注意到、发现了案犯的指纹，而没有看到脚印、丢下的物品，则脚印等事实显然不会成为案情判断的依据对象。可见，依据对象只应该是在查勘实践领域中主体发现、感知到的对象。诸如此类的情况在实践中比比皆是。"进入实践领域"看来还是一个不精确、模糊的断言。在实践领域内，人们注意的范围大小有差别，观察到的对象也有限。即使明显地属于"实践领域"的对象，如果人们没有注意到并发现它，它就不可能成为主体的知识的依据对象。实践中总会有所谓"熟视无睹"现象。由此可见，指出依据对象的特性是"进入实践领域"，还是笼统、不精确的。它只是圈出了一个大的范围，仍未给出依据对象的精确定位。所以，对依据对象特有属性的探讨，应在此基础上再深入下去。

　　由以上分析可见，主体知识的依据对象是进入主体的实践领域的被主体发现、感知的事物、现象。所谓"被主体发现、感知"，具体来说即事物、现象作用于主体的感官，并引起神经冲动至主体大脑，最后形成主观的知识。我们在此要考察的只是主体脑中的主观知识以外的它所依据的客观对象的特性，显然，就应该把其中的"形成主观知识"去掉。因此，主体知识的依据对象的更准确的属性即：相应的客观对象作用了主体的感官并引起神经冲动至主体大脑。可以简称为"对象作用了主体"。某一客观对象要成为某主体知识所依据的对象，它必须具有该特性：其信息作用该主体感官，引起神经冲动至主体大脑。实际中，外界事物的信息到达主体大脑进而产生认知意识，这是一个连续的过程，瞬间完成，但在观念上，我们把它们区分开来。外界事物的信息作用感官引起神经冲动至大脑，这是一个物理、化学过程、生理过程；而形成认知意识，属于心理现象。所以，在认识论中我们可以区分开它们。外界对象作用主体，是心理产生的直接始动因素。这早已是不争的事实。所以，引起、决定主体知识内容的对象，即主体知识的依据对象，就是那些作用了主体的特定的对象。

那么，实践在其中起什么作用？单从认识论角度来看，实践作为主体的一种主动的作用，在知识产生中的具体作用即：一方面，由于任何事物在自发存在的状态下不可能充分显示它多方面的现象，通过变革事物的状态、环境，把它置于各种不同的条件、关系中，使它许多隐匿的现象呈现出来；另一方面，使自己的肉体感官与事物的现象接触。①用本书的表述，联系主客观的实践在知识产生中的作用可以具体分解为两个方面、阶段：第一，"创造"、产生出来认识对象，隐匿的要让它呈现；第二，让主体的感官与该认识对象接触、接近，从而把主客体联系起来。仅仅把客体创造出来还不够，有些客观对象在大自然中不是不存在，关键在于它没有、不可能接近、接触主体感官，所以最终无法实现与主体的联系。所以，实践在知识产生中的联系主客体的作用最后一定要归结到主体感官与事物的接触、接近。什么叫"接触、接近"？大致可以说，主体与客体进入到能够彼此相互作用的范围、区域内，就算接近了。实践使主体与客体进入到能够相互作用的范围、区域，从而为客体作用主体奠定基础。可见，实践在知识产生中的作用可以说是第一位的，因为只有主体先作用于客体，才会有客体作用于主体，最终才能导致知识的产生。但它的作用也只是为客体作用于主体创造条件，他本身并不直接就等于"客体作用于主体"事实本身。而最直接导致、引起知识产生的则是客体的作用主体。没有实践就不会有对象作用主体；但有实践，并非必定有对象作用于主体。由上论述也可以看到，指出主体的知识的依据对象是实践的对象，是作用主体的对象，这

---

① 肖前，黄楠森，陈晏清. 马克思主义哲学原理 [M]. 北京：中国人民大学出版社，1994（519）.

两个观点并不矛盾，而是一致的。前一观点指出了知识的依据对象是什么的大范围，后一观点则给出了更准确、更精确的定位。实际中，主体能动地作用客体的实践与客体作用主体的感官，紧密地联系在一起，以至于难以割舍。我们主要从理论上把它们严格地区分开来。

客体只有作用主体感官才能形成知识，这是一个常识性命题。本书指出知识的依据对象是作用主体的对象。这两个命题有何不同？如果它们没有什么差别，讨论这一常识性的内容有什么意义呢？应该指出，这两个命题的基本内容是一致的。但是，由"对象作用主体"到"作用主体的对象"，这不单纯是一个句子中的名词顺序的颠倒，而是包含着涵义的变化。前一命题主要讲的是一种主体与客体之间的作用，这种作用是知识产生的直接的始动因素、必要条件。后一命题主要断定的是这种相互作用的对象，是作用的某一方——客体。它把这种"作用"当作客体的属性。"作用主体的对象"，这告诉了我们影响、决定某一知识内容的特定对象的范围、特性。而这一意思虽然在"对象作用主体"中包含着，但却是潜在的、暗含着的，它不能直接告诉我们主体的知识的依据对象的特性。

作用主体感官并引起神经冲动至主体的大脑，这是主体知识的依据对象的特性。该特性是否属于一种客观存在的事实，从而能充当依据对象的属性呢？该特性如果简化，可以叫做"作用主体的感官"。所以，我们的问题即，根据客观的外界对象是否作用某一主体的感官，能否至少在理论上区分开、辨别出不同的对象？某一对象是否作用于某一主体的感官，例如，在 A 处发生的偷窃的事实是否作用侦探的感官，这都不是哲学的思辨的讨论，而是一个可以进行实证性考察的事实，是一个客观存在的"关系事实"。作案者在现场的指纹、丢下的物品，具有作用了侦探感官的特性，而 A 处当时发生的偷窃的事实本身，则不具有作用了侦探感官的特性。所以，从理论上，根据是否作用侦探的感官，就可以把这些事实区分开来；就可以确定下来哪些事实是决定案情判断内容的对象。

综上所述，在认识论中提出"作用主体对象"概念是可行的。它的内涵即：进入主体的实践领域中并作用主体感官进而引起神经冲动至主体大脑。这是对主体知识的依据对象的进一步的断定。可以看出，作用主体对象是一个相对特定的主体才有意义的概念。不论这个特定主体是某一个体、团体还是某一时期的人类。

相对每一主体，我们可以说，作用该主体是该主体的依据对象的特有属性，进一步可以说是本质属性。但是，如果相对主体的每一知识，则"作用于主体"只是这一知识的依据对象的必要条件，而非充分条件。考察依据对象，考察的只是参与决定每一具体知识内容的那些特定对象、信息源。指出一个知识的依据对象是"作用它的主体"的对象，这只不过比"进入主体的实践领域"更具体了一点而已。作用主体的对象那么多，它们不可能都属于决定主体的某一具体知识的对象。主体的任何一个知识的依据对象，相对作用于这一主体的全部对象总和来说，只能属于其中的某一部分，而不可能是全部。可见，如何概括出每一知识的依据对象的普遍适用的特有属性，还有待深入的研究。"作用主体"不是主体的任何一个知识的依据对象的特有属性。由此来看，主体的每一知识的"依据对象"与"作用主体对象"还不等价，应该区分开来。对每一知识的依据对象的探讨，不应仅限于"作用主体对象"这个层次就结束。下一章，将作进一步的考察。

据此，在认识论中可以提出关于作用主体对象数量关系的两个不等式。

我们首先以某一时候为止的全部人类主体总和为考察对象。作用这样的全部人类主体的客观对象总和的集合可以用 ZT（总体）表示，而人类的这一时候为止的任何一个知识所依据的作用人类主体的对象的集合，用 JB（局部）表示。则有：

$$\frac{JB}{ZT} \leqslant 1$$

再以任何一个个体或群体主体为考察对象。作用任何一个个体或群体的全部客观对象总和的集合用 ZH（总和）表示，这一主体的任何一个知识依据的作用主体对象用 BF（部分）表示。则有：

$$\frac{BF}{ZH} \leqslant 1$$

需要指出，理论上不等式有＝1的情况，但实际中这个比值总是＜1的。通过这两个不等式我们可以看到，作用任何一个特定主体的对象都有一个数量总和，这个总和当然也是有限的。但这一特定主体的任何一个知识的依据对象数量则更有限，他不会超出这个总和的范围。我们当然不是说，人类任何知识的内容不可能超出作用人类的全部对象的范围，任何一具体主体的每一知识内容不可能超出作用该具体主体的对象范围。但这个作用人类、作用某一具体主体的全部对象总和的内容，作为信息源，会给予相应知识的内容一定的限制。

二、"两个世界"的划分

相对任何一个特定的主体，不论是某一个体，还是某一群体，甚至是至某一时期为止的有限人类总和，根据客观外界对象是否作用这一主体，就可以把无限的外界对象分为作用主体对象和非作用主体对象两部分。正如可以根据世界上所有国家是否与中国建交，分为相应的两部分一样。我们想确定实际制约、影响这一主体的知识内容的对象是哪些，就只能在作用这一主体的对象中去寻找。

现在我们要探讨这两部分客观对象，或者说这"两个世界"，是否截然对立、不可以相互转化？

在非作用主体对象中，有一些外界对象没有作用某一主体，不是它不可能作用，而是不具备条件。例如黄山美景，对于我现在来说属于非作用主体对象。但只要去一趟，它就成为作用我的对象了。而且，它对于我不是作用对象，对于他人则可能是。那么，是否有些外界对象对任何人都不可能为作用主体对象呢？例如，生物进化的事实就不可能成为作用主体对象。所以，非作用主体对象中存在着一些不可能成为作用主体对象的客观对象。不过，生物进化的事实只不过因为已经成为过去，才无法作用人类。假如，在那个时代有人类存在，它仍可能作用人类；或者说，从它的本性上来看，它具有作用人类主体的可能性。

有没有一些在本性上不可能作用任何人类主体的客观对象呢？作为人类知识的信息来源的刺激有许多种。为讨论简便，我们只限于其中的视觉、听觉刺激。我们知道，人眼的适宜刺激只是波长在 390 至 760 毫微米之间的可见光，人耳的适宜刺激只是 16 至 20000 赫兹的声波。外界事物要能作用主体的感官，其信息必须要直接或间接成为可见光、声波这一特定的电磁波、振动波的形式。客观对象作用人的感官，这个说法还有些笼统。这似乎可以分为直接作用和间接作用。能发射、反射可见光的物体，能发出声音的物体，它们能直接作用人的感官。但也有很多客观对象的信息只能通过一系列中间环节作用于人类，或者说，它要经过一系列的信息形式的转化，才能作用人类。"不同物质系统在相互作用的过程中，一个物质系统的某些特性反映在另一个物质系统中，因而这另一个物质系统就保留、储存了前一个物质系统的信息。我们通过接收这种信息，就能认识前一个物质系统的某些特性。"① 通过中间环节间接作用主体，似乎又有两种情况：一种是不能、没有直接作用人的感官的事物的信息，保留在天然的现存的另一物质系统中，（例如，生物进化的事实保留在现今的化石中）作用于人的感官。另一种则是通过各种仪器或者说人工系统，接收感官不能直接接收

---

① 夏甄陶．认识论引论［M］．北京：人民出版社，1986（199）．

的事物的信息。例如，红外线、次声、X线，通过一系列的人工接收装置，可以实现间接作用人的感官。在这些间接作用人的感官的情况中，直接作用人的感官的是某一客观对象作用另一事物的效应，或者是效应的效应。不论经过多少中间环节，经过多少信息形式的转化，最后直接作用主体感官的终末环节、形式，必然是、只能是可见光、声波。例如，人类无法直接感知红外线。夜视仪通过红外线探测器收集了红外线，再经过电信号处理系统，最后把红外线构成的图像转化为肉眼可以看到的荧光屏上能发出可见光的图像，这样，发出红外线的物体的信息就作用了人的感官。微观世界的基本粒子人们不能直接感知。但它可以产生宏观效应，例如云雾室中粒子穿过过饱和溶液能产生细雾，这些细雾的照片反射出的可见光能够作用人的眼睛，从而它可以间接作用人的感官。由此，我们似乎可以得到一条定理：无限的客观外界对象要能成为作用人类主体的对象，它的信息必须能够经过有限次的中间环节的转化，最后转换成为可见光、声波这一特定的信息形式。这是大自然给予所有客观对象成为作用主体对象施加的一个限定条件。

由于存在该定理，就会出现如下问题：我们所说的无限的物质世界所具有的无限多的运动形式、现象，它们经过许许多多的一系列的中间环节，但却是有限次数的中间转化，最后都能转变为可见光、声波这一特定的运动形式、信息形式吗？无限多的运动形式都能最后转化为某一特定的运动形式吗？似乎，这是一个有待搞清的问题，还不能给予肯定的回答。如果不能作出肯定的回答，我们就可以说，这两个世界中的非作用主体对象世界中，可能存在着本性上无法作用主体的对象，可能存在着不能转化为作用主体对象的客观对象。假如存在着不可能作用人类主体的对象，是否意味着这些对象对人类来说是"不可知物"？似乎这又是需要进一步探讨的问题。微观粒子不能直接作用主体，我们不是也可以认识它吗？然而，微观粒子的宏观效应毕竟还能直接作用人类。它的信息经过一系列的中间环节，最后还是转化成为了可见光的形式。问题是，假如有的客观对象的信息经过有限次的转化，最后仍不能形成可见光、声波这一特定信息形式，我们能够认识它吗？

由上可见，外界对象可以分为"是否作用主体"的两部分，似乎也可能分为"能否作用主体"的两部分。

第三节　知识的指向对象是它的内容所说明的对象

一、什么是说明对象

知识指向的对象的基本特性是什么呢？

我们通过第一节提到的几个知识的指向对象的实例来考察一下。"明天将下雨"的指向对象为明天是否下雨的事实。进化论关于生物由同一祖先进化而来的判断指向发生在远古的生物是否进化的事实。两个知识的指向对象都与知识的内容有关。由此可以初步看到，指向对象是一个由它的知识内容所规定的对象。

我们再从知识的定义作一下分析。知识就是对外界对象有所说明、断定的意识。有说明、有断定，必有说明、断定的对象。不同的知识断定的对象也形形色色，有自然的、社会的、思维的等等。但不论怎样，它的对象与其知识内容是对应的。只要一个知识的内容确定了，就必然有一个由该内容所指定、规定的，在主体之外客观存在的具体对象。任何一个知识的内容都是特定的，它所说明的对象也必然为相应的特定的对象。

由上所述，知识的指向对象的基本特性即：它是被知识的内容所说明、断定的对象。以后，知识的指向对象我们不加区分，就叫作"说明对象"。

作用主体对象的特性是一个客观存在的自然现象、事实，指向对象的特性也应该满足这一要求，也应该是一个客观存在的事实。指向对象的基本特征为"被主体的知识所说明、断定"。该特性是一个主观的精神现象，存在于主体之内，而不在知识的指向的客观对象身上。用一个在主体之内的主观的精神现象作为外在的客体对象的特有属性，这能成立？能够区分开知识的指向对象和非指向对象？我们看一个类似的例子，作一下类比。假设在战场上，战斗打响之前，我们想考察一下敌方的士兵是否被我方战士的步枪瞄准。被瞄准的敌人，对我方士兵而言，就叫"被瞄准的对象"。这里，考察的对象是敌方的士兵，是他具有的属性，该属性为"关系事实"，即敌方的士兵与我方的士兵步枪之间的"瞄准"的关系。这种"瞄准"是一客观存在的事实，在被考察对象之外存在。但据此事实，我们显然能够把考察对象区分开来。知识的指向对象所具有的"被说明"特性与该例子中的敌人具有的"被瞄准"特性类似。我们考察主体之外的客体，看一下客体是否与主体的知识之间存在着"被这一知识所描述"的关系，即"瞄准"关系。主体是否有某一知识，某一知识是否对外界有所说明、断定，这虽然属于主观的精神现象，但它也是客观存在的，有确定性。一个知识一旦产生，它对外界就有所说明，它的内容就不是随意的了，而是一种实际存在着的东西，一种具有确定性的东西。它指向的对象具有的"被瞄准"的特性也就具有了确定性。虽然，某一外界对象是否被某主体的知识断定，我们实际中不可能直接把握。但它之客观存在，却不容置疑。所以，根据外界对象是否具有"被主体的知识所说明、断定"这一属性来定义知识的指向对象，从理论上来看可以成立。

以上，我们初步确定了知识的说明对象概念。在此，我们从三个方面对该概念的涵义作进一步的解释。

首先，说明对象是一个只对特定主体的特定知识才有意义的概念。作用主体对象离不开特定的主体。说明对象当然也不能脱离特定的主体。但对于说明对象，只指出它的主体还不够，还应该指出它相对于这一主体的哪一知识。离开特定的知识，就无从确定某一客观对象是否说明对象。说明对象是指一个客观对象与主体的某一特定知识之间是否存在某种关系的概念。

其次，我们指出说明对象由知识的内容规定，从这方面来看，它表现出一种受主体制约的特性，表现出一种被动性。客观对象具有"被说明"的特性是"身不由己"的。那么，能否说明该对象随着主体知识内容的变化而变化，从而失去"不以人的意识为转移"这一客观存在的基本特性呢？由前边的例子可见，知识的内容只决定指向什么样的、哪一类的对象，或对象范围。说明对象的实际情况与知识的内容却并非完全一致、一一对应。"明天下雨"指向的对象是明天天气的阴或晴的情况，阴晴状况客观存在着，不会由于你说"明天下雨"，它就必然下雨。但明天是否下雨这一客观事实被主体的天气预报所指定，却是这一事实无法决定的。

第三，本书所说的知识指具有判断形式的知识。通过对判断的逻辑分析，可以进一步明确一个判断的说明对象。知识判断的基本形式为"S 是（或不是）P"。所以，判断的说明对象即实际中 S 是否 P 的事实。

二、说明对象的特性

我们分两部分讨论说明对象的其他特性。

第一个部分。依据对象与说明对象，构成与主体的任何一个知识有关系的"一对"外界对象。与依据对象作比较，我们可以更清楚地把握说明对象的一些特点。下面从五个方面作一点考察。

从时间维度来看，作用主体对象相对主体都处于"现在"这一时期。

而主体知识的说明对象所处的时间则随知识的内容断定的对象的时间而变化，它可以是过去的、将来的。

从空间维度来看，有时，作用主体对象是某一事物的局部，而据此产生的知识的说明对象则扩展至这一事物的整体。例如地质勘察取得的地质资料仅限于某一区域内几个钻孔的情况。我们根据作用主体的钻孔情况产生的判断的说明对象，则是该区域地质情况的全貌。还有一种情况，作用主体的对象为"此处"的事实，而据此产生的知识的说明对象则是"彼处"的情况。由作用主体对象到说明对象呈现出一种"由此及彼"。简单的例子，根据当前的"地湿"推出昨天的"下雨"；由宏观的云雾室中的粒子运动的轨迹推出微观的基本粒子的事实。另外，作用主体的对象许多情况下是主体周围环境、主体附近的事物、现象，而说明对象则不仅限于此，往往超出这个范围。

从主体对客观世界的认知深度角度来看，作用主体对象往往是客观存在的可以直接感知的事物的现象、外部联系、个别情况。而据此产生的理性知识所说明的对象，则是事物的本质、内部联系，事物的一般、普遍性质。这类说明对象无法通过感官感知到，只有通过人的思维才能把握。例如，历史唯物主义关于生产关系一定适合生产力状况的原理指出，在人类社会中，生产力决定生产关系，生产关系又反作用于生产力。"生产力""生产关系"是主体对客观的社会现象的一种抽象，不能直接看到。这一原理的说明对象只能通过理论思维才能把握到。

作用主体对象必定是进入主体的实践领域的对象，是主体能够直接接触、感知的对象。而说明对象并非都是实践的对象。理性知识的说明对象不能直接感知；还有的知识的说明对象由于其研究对象本身的特性而无法成为实践的对象，无法直接感知。例如，心理学的说明对象——精神现象，就不能直接感知，量子力学所说明的微观粒子也不能直接感知。但说明对象并非都不属于进入实践领域的客观对象。不少情况下，作用主体对象是说明对象的一个局部、特殊，（例如地质勘察成果的对象）所以知识说明对象的某一小部分为进入实践领域的对象，大部分则为没有进入实践领域的对象。

作用主体对象一般来说总是现实中客观存在的事物、现象。知识的说明对象则可以是现实中不可能存在的理想状态。例如，物理学中惯性定律说明的即一种理想状态。还有物理学中的质点运动、理想气体的运动等等。这些理想状态可以看作实际的事物的一种极端、极限状态，或者把实际的事物状态看作理想状态的一种近似。所以，惯性定律等知识虽然直接说明、断定了一种在实际中不存在的理想情况，但它的宗旨仍然为了说明现实的客观世界，所以它仍然属于客观世界的说明。

第二个部分。说明对象由知识的内容规定，所以我们可以通过对知识内容的考察，进一步揭示说明对象的一些特性。

任何一个知识作为判断，都有内涵和外延。对其说明对象也可以从这两个方面去把握。说明对象都可以逻辑地分解为两部分：对象的范围、数量是什么；对象有什么性质。知识的内容有正确与否之分。错误的知识的说明对象并非在实际中不存在。对同一事物，不同主体的说明、断定会不一样，有对错之分，但不同主体对该事物的不同知识的说明对象，却是唯一的。不过，对同一对象的不同的知识，一方面，我们可以认为存在着它们的共同的说明对象；另一方面，这些不同的知识也可能有着与它们的知识内容直接相关的不同的说明对象。例如，A 是作案的凶手，这是一个事实。对这一共同的事实，有三个人分别形成"B、C、D 是凶手"三个错误的判断。这三个判断有着共同的说明对象，即 A 实际上是作案凶手的事实。但"B是凶手"判断的说明对象，还包括"B 与作案的关系"方面的事实。三个不同的判断的不同的说明对象，由它的知识的不同内容逻辑地指定。人类对有些客观对象性质的断定或许没有把握，而形成所谓的模态判断：A 可能是S。但相应的说明对象则并非不确定。主体知识的内容还可能是一种假设，例如，"如果这件事让 A 做会更出色"。该知识的说明对象为过去的情境下

A 做这件事可能出现的效果，是一种假设的情况。它不具有现实性。总之，由于知识的说明对象由它的内容指定，而主体的知识有能动性，不会局限于作用主体对象的范围，所以，知识的说明对象就会随着主体知识内容的能动变化而变化，随着知识内容的扩展而扩展。

第三章　依据对象和说明对象的进一步阐释和扩展

第一节　依据对象、说明对象与客体、反映

目前的认识论把知识的对象叫客体。本书在客体概念之外又提出所谓的依据、指向对象，以及作用主体对象、说明对象概念，需要阐明它们与客体概念的关系。另外，需要搞清它们与"被反映对象"的关系，搞清"依据"、"说明"与"反映"的关系；还要对目前"反映"概念的语义及使用中的问题作一些分析。

一、依据对象、说明对象与客体

学术界一般把认识客体分为现实的客体和可能、潜在的客体两部分。我们在此仅讨论第一部分。对于现实的客体，似乎又有两种理解。第一种，客体是人类实践活动触及的进入人的现实的实践、认识活动中的客观对象，是主体本质力量所能达到的外在世界。如第二章第二节所言，此处的"实践"仅指变革外界的人类活动，此处的"认识"仅指单纯的观察、感知活动。显然，作为依据对象的作用主体对象隶属于这样的客体。作用主体对

象概念的外延小于客体概念。依据对象概念的最本质的意义即，它是指实际决定主体认识内容的客观对象，实际起信息源作用的客观对象。假如我们的客体概念主要指的是这样意义的对象，则把客体概念定义为"进入实践和认识领域的客观对象"，虽然并非错误，但还不十分准确、具体。该意义的客体概念的更精确定义应为：进入实践（此处的"实践"按第一章的规定包括接触、观察活动）领域的作用主体的客观对象。这样理解的客体概念就不包括认识的说明对象。但客体大体相当于作用主体对象。

对现实的客体的第二种理解。客体是主体认识活动所指向的对象，是与认识主体发生认识关系的客观事物。[①] 该意义的客体概念似乎可以理解为既包括实践对象、感知对象，也包括知识说明、断定的对象。例如明天的天气情况，数百万年前生物实际进化的事实，目前已经成为人们认识的对象，已经与主体发生认识关系，所以应该称之为客体。本书的作用主体对象、说明对象，似乎是与主体及其知识有联系、有关联的客观对象的总和。因此，认识的客体就是作用主体对象加上说明对象。对于该客体概念的定义，我们采用"与认识主体发生认识关系的客观对象"。

本书中，客体概念指上述哪一种意义？如果把客体的内涵仅限于上述第一种涵义，则客体只是给主体知识提供客观信息的事物，仅限于主体实践活动的对象。这样定义，保证了认识对象与实践对象具有同一性、一致性，但带来了其他的问题。由于知识的说明对象理所当然地属于知识所反映的对象，（稍后将讨论）而说明对象不属于客体，因此知识反映的这种对象就不能称之为客体。这显然不妥。该定义的缺陷较严重，所以不宜采纳。我们再来看第二种定义。这种情况下，保证了认识的反映对象与认识的客体具有同一性、一致性，却又带来了新的问题。由于主体知识的说明对象

---

① 肖前，黄楠森，陈晏清. 马克思主义哲学原理［M］. 北京：中国人民大学出版社，1994（523）.

与主体不一定都存在着实践关系，所以，认识对象与实践对象就失去了同一性。我们可以说，所有的客体与主体都有认识关系，但并非所有的客体与主体都存在着实践关系。不过，在本书中，这不是一个问题。本书提出依据对象、指向对象概念，就是要区分开直接决定主体认识内容的进入实践领域的信息源对象和不一定都进入实践领域的仅为主体知识的说明、断定的对象。所以，本书的客体概念为上述第二种意义。

上边我们讨论的主要是两个概念与客体概念的联系、相通之处。下边我们再讨论一下它们的区别、不相容之处。

既然已经有了客体概念，是否不需要提出依据对象、指向对象概念？假如可以把这两个概念纳入客体范畴，则它们是"客体"这一属概念之下的两个种概念，它们的内涵不同于客体。所以，不能用"客体"概念取代它们。依据对象决定它的知识内容，说明对象是检验这一知识的最终尺度。这些内容，单一的一个客体概念无法涵盖。

到此为止，我们把这两个概念看做是目前的客体概念的两个种概念。后边我们将指出，这两个概念的外延有大于客体概念的外延的地方。客体概念主要指的是客观物质世界的对象，主要指最终、根源意义上的决定知识的客观对象因素，例如自然客体、社会客体等。依据对象则主要指决定每一知识的直接、现实的对象。第三节将指出，客观知识对象是依据对象的重要形式，观念形态、心理信息形态的对象是它的最直接的形式。作用主体对象只是知识的依据对象的最终的、主要的形式，我们将在第三节指出，知识的依据对象还有观念客体、心理信息的形式，还包括逻辑层面的前提依据对象。说明对象也包括客观现实中并不存在的理想状态。依据对象、说明对象的这些其他、特殊形态，似乎在目前的客体概念中没有包含。所以，这两个对象的总和看来又大于现实的客体。

客体概念是一个相对主体才成立、才有意义的概念。本书的两个概念当然也相对特定的主体才有意义。因此，这两个概念与客体概念可以共容、相互比较。然而，进一步考察可见，这两个概念是相对特定主体的特定知识才有意义、才成立的概念。我们已经知道，某客观对象是否为说明对象，仅相对主体的特定知识才有意义。在第三节我们将指出，依据对象也在一定程度上仅对主体的特定知识才有意义。客体是与任何一个认识主体有认识关系的客观对象。依据对象加说明对象则是与任何一个主体的特定知识有关联、关系的客观对象总和。从这方面来看，它们也有区别。

尽管两个概念与目前的客体概念有上述不相容之处，但与认识论中的主体、实践、认识等概念比较，它们都属于"认识对象"，是认识对象内部的区别。所以，似乎有必要拓展"客体"概念，把这两个概念纳入。

二、依据对象、说明对象与反映

认知、知识是主体对客体的反映。这是我们进行认知意识探讨的一个前提、公理。只要有反映，必然会存在着"被反映对象"。没有"被反映对象"的反映是不可理解的。在此，我们把反映现象中的"被反映对象"提出来单独作一点考察。知识的被反映对象是外在的客观现实，它包括客观的人类活动及其结果。这也是我们探讨的前提、公理之一。下边要探讨：每一知识所反映的对象是无限的客观现实中怎样的特定的部分？与主体的每一知识有关联的客观对象可以分为依据对象、说明对象，那么，主体的每一知识反映的是依据对象还是说明对象，或者它们都是被反映的对象？

要回答这一问题，需要明确"被反映对象""反映"概念的涵义。

"反映"概念所表征的是"一个物质系统以其内部状态的变化，来复制和再现作用于它并引起这种变化的另一个物质系统的某些特点"；反映的一条基本原则即，被反映者具有先在性、根源性，反映和反映结果则具有依赖性和派生性。^①不难看到，这里的"被反映对象"指的仅是本书的作用主体对象，即依据对象。进化论指出，所有生物都由一个共同的祖先演化而来，进化论"再现"即"反映"的是远古的几百万年期间的事实。天气预报关于"明天下雨"的判断"表现"的是明天的客观事实，我们常说，天气预报是明天天气情况的"超前"的反映。显然，在这两个例子中，"再现""表现""超前反映"的对象指的仅是知识的说明对象。可见，目前认识论中"被反映对象"包括本书的依据对象、说明对象。"反映"既包括知识与依据对象之间的反映关系，也包括知识与说明对象之间的反映关系。

那么，同一个知识与它的依据、说明对象之间的反映关系是否一样？先看作用主体对象与反映结果的知识之间的反映关系。对这一关系进一步分解，其中有以下三种涵义：第一，作用主体对象与反映它的知识之间有一种"引起和被引起"的关系。作用主体对象是知识的信息源，知识产生的依据，是决定它的内容的客观因素。本书把这个层面的反映关系简称为"依据"关系。第二，知识把作用主体对象的内容在意识中表现、呈现、再现出来，所以，它们之间有一个"再现""重现"的反映关系。第三，作用主体对象与反映它的知识之间有一个"符合"的反映关系，知识与作用主体对象能够做到符合。在作用主体对象与其知识之间的反映关系中，被反映的作用主体对象是第一位的，在先的，知识是第二位的，在后的。我们常说知识所反映的是实践中的对象，实践是知识的源泉，其中的"对象"只是指作用主体对象。我们再看一下知识与其说明对象的反映关系。说明对象作为被反映对象与它的知识之间，不能认为普遍地存在着作用主体对象与知识之间的第一种涵义的反映。有些说明对象可以成为知识的信息源，但并非所有的都能充当信息源。它作为被反映的对象不一定是现实地决定知识内容的对象，不一定是作用主体对象。因此，如果要给出知识与其说

---

① 夏甄陶.认识发生论［M］.北京：人民出版社，1991（58—59）.

明对象反映关系的普遍适用的判断，其反映关系只能认为是"表现""呈现"意义，说明对象是知识"表现""重现"的对象。例如，天气预报与明天的天气情况，就属于这种反映关系。既然知识与它的说明对象之间存在着"表现""呈现"关系，所以，它们之间就有一个是否"符合"的反映关系。因此，至少有的说明对象与知识之间的反映关系，只能理解为上述反映的第二、第三种涵义。由上可见，同一个知识与它的两个对象之间的"反映"关系的涵义并不一样。

"反映"一词既可以作动词用，也可以作名词用。"反映"概念可以指反映的过程，也可以指反映的结果。反映的过程指主体以特定的方式对客体的信息进行有目的地选择，有组织地加工、改造、组合的过程。反映的结果就是指知识。反映过程的被反映对象似乎只能说是作用主体对象。我们说反映具有能动性，是一个加工、创造的过程，是一个选择、建构的过程，加工、创造的对象是什么？只能是作用主体对象。作为过程的反映的涵义，看来主要即"引起和被引起"的关系。被反映的作用主体对象是信息源，它决定知识的内容，它成为了反映过程操作的对象。说明对象是过程的结果指向的对象，它当然不可能成为过程所操作的对象。结果意义的反映，它的被反映对象不仅限于作用主体对象，也包括说明对象。

由上可见，目前认识论中的"反映"概念的涵义较复杂。它既可以指反映的过程，也可以指反映的结果。过程所反映的对象只能是作用主体对象；结果所反映的对象不仅包括作用主体对象，还包括说明对象，而且，结果与这两个对象的反映关系的涵义也可能不完全一样。一个概念在同一个学科体系中的涵义应该具有唯一性，前后一贯，这是理论体系在逻辑上的一个基本要求。目前认识论中的"反映"概念作为一个基本概念，它相对不同的对象涵义不一样，我们却并未加以明确地说明。例如，把天气预报说成未来天气的"超前"反映，把过去、现在的大气运行要素情况也叫作天气预报的反映对象，用同一个"反映"概念表征不同的认知关系，即把过去、未来的对象不加以区分，都叫"被反映对象"。这显然不妥当，不可取。

　　为什么"反映"的涵义会出现这些不同？"反映"概念包含着客体作用主体从而提供信息的涵义，即所谓"依据"的涵义，另外还包含"再现"客体和与客体"符合"的涵义。这是"反映"概念的基本意义。本来，这三种涵义不可分割地联系在一起。对于低级水平的感性知识，它的作用主体对象、说明对象是合二为一的。（下一节将详细讨论）从而，这样的感性知识对外界的反映，大体来说也不会出现两种不同的反映关系。知识的依据对象和说明对象出现分化，知识与对象之间的反映关系出现分化，这是人类意识能动性的结果，是认识进化、向高级阶段发展的结果。作用于主体的提供依据信息的对象本来是过去、现在的大气运行情况，但人类透过这些情况，揭示了其中包含的关于未来的天气情况的信息。所以，天气预报表现了未来的天气情况，它们之间的反映关系，仅仅局限于"再现"与"符合"。而过去、现在的大气运行情况对于天气预报主要具有信息源的意义，它与天气预报之间的反映关系主要是"依据""引起"的关系。因此，知识的"依据""引起"与"表现""符合"的反映关系就分离开，反映概念出现不一贯。

　　要解决上述反映概念不一贯的问题，主要是如何对"反映"概念的涵义作进一步的完善、补充，很大程度上是一个如何定义反映概念的问题。下边，我们探讨以下三种反映的定义。

　　第一种定义。把"反映"仅限于知识与它的说明对象之间的"表现""符合"关系。因此，"反映"的涵义就不包括"依据"关系。显然，这种定义不能接受。在此不作深入的探讨。

　　第二种定义。仅仅把知识与它的作用主体对象之间的反映关系定义为"反映"。如果这样定义反映概念，知识与说明对象之间就不能认为普遍地存在着"再现""符合"意义上的反映关系，而只能认为普遍存在一种"描述""说明"的关系。这是有缺陷的。相对作用主体对象而言,说明对象是知识的应该的、完整全面的"表现"的对象。所以,把"再现"反映仅限于作用主体对象不能接受。

第三种定义。这是目前普遍采用的一种定义。"反映"既包括知识与作用主体对象,也包括知识与说明对象的反映关系。不过,在这样定义反映概念时必须要指出,知识和作用主体对象的反映,与知识和说明对象的反映,涵义存在着差别。所以,这时严格来说是提出了两个存在一定差别的"反映"概念,是用同一个"反映"名词表征两个有共性也有差别的对象,是"一词多义"。这样定义反映概念可以避免第二种定义的不足。并且,由于人类认识的能动性,知识的对象出现分化,反映概念的内涵随着反映的对象的变化也作相应的调整,概念与它表征的实际对象达到了对应。所以,该定义有它的优点。但是,它也有缺点。即同一学科中的同一概念相对不同的对象涵义不同,"一词多义",容易引起误解,导致歧义。

现在看来,似乎难以找到一个十全十美的"反映"概念的定义。权衡以上两种定义的利弊,考虑到语词使用上的习惯等因素,本书采纳第三种反映概念的定义。

有了分别适用于作用主体对象、说明对象的反映概念,是否可以取消所谓的"依据""说明"概念,取消依据对象、说明对象概念,而只保留反映对象概念呢?

我们先来看反映对象是否可以取代依据对象。反映概念中包括"依据"的意义,据此,依据对象似乎可以用反映对象取代。然而,由于以下原因,这样做不可取。第三节将指出,第二章讨论的作用主体对象只是依据对象的存在形式之一,只是最终意义的客观物质对象形式的依据对象。除此之外,依据对象还包括客观知识形态的作用主体对象,还有人脑中以观念形态存在的心理信息对象,还包括逻辑层面的客体。这些知识的依据对象的更直接的形式似乎并非都能纳入"反映对象"范畴。反映对象对于相应的知识而言只是最终、本源意义的客观对象，而知识的依据对象则不仅限于此，对它而言更重要的是那些直接形式的对象。第三节我们会看到，心理信息对象等依据对象不能、不宜称作知识的反映对象。因此，从这方面来看，依据对象概念的外延超出了反映对象的外延，不能、不宜用反映对象代替依据对象。那么，如果单单考察作用主体对象这种最终意义的依据对象形式，是否可以用反映对象取代依据对象？也不宜这样做。作用主体对象属于反映对象，但反映对象并非仅限于作用主体对象、依据对象。我们已指出，它还包括说明对象，存在于作用主体对象与知识之间的反映关系不完全等同于说明对象与知识之间的反映关系。所以，我们有必要对这两种不同的反映关系、反映对象分别予以标识，作进一步的区分。在这个意义下，依据对象就是反映对象的一种，是反映对象概念的一个子概念，可以称作"依据反映对象"；此时，我们讨论的仅限于知识与它的反映对象的三种反映涵义中的第一种。显然，这种情况下，依据对象、"依据"概念也是反映对象、反映概念不能完全取代的。

我们再来看反映对象是否可以取代说明对象。由前边的论述可以看到，知识与说明对象之间存在着一个"表现""再现"意义的反映关系，据此，似乎可以把说明对象叫做反映对象，不必再造"说明对象"一词。然而，仔细地辨析发现，说明对象与反映对象之间存在着细微的差别，应该区分开。我们已经指出，知识的说明对象由知识的内容指定，这是一个事实。如果用反映对象取代说明对象，则就意味着知识的反映对象由知识的内容指定。这一命题难以被反映论接受。所以，从这方面来看，用反映对象取代说明对象会遇到困难。另外，仔细考察可以看到，知识的说明对象的外延范围似乎比"再现"意义的反映对象的外延范围略大。人类往往会根据很少的事实甚至不算是事实的材料对未知现象作出猜测、说明、描述，有时很难把这些猜测看作未知事实的"再现"、反映。猜谜，作为一个知识判断，有时就很难说它与谜底事实之间存在着"再现"意义的反映；似乎只能认为它是对谜底事实的说明、猜测。那么，是否说明对象不能叫做反映对象？似乎也并非如此。似乎可以这样解释：同一个对象与知识之间，例如明天实际的天气情况与天气预报之间，既有说明关系，又有"再现"的反映关系；或者说，这个对象既是说明对象，又是反映对象。实际中，只有这么一个对象，我们从不同的关系、侧面出发，把同一个对象分别理解为反映对象、说明对象。这并不否认它们实际中是合二为一、同一个对象。本书提出说明对象概念，只侧重于考察知识与对象之间的说明、描述关系，并不否认它们之间存在着反映关系。根据说明对象的定义，我们说知识与它指定的对象之间存在着说明关系；然而，如果认为它们仅仅有这种说明关系，不存在反映关系，就是错误的。假如，我们又走向另一个极端，认为知识与说明对象之间仅仅存在着反映关系，没有说明、描述关系，这也是片面的。不过，实际中，似乎绝大多数知识的"再现"反映对象与说明对象是完全重合的；或者说，知识的反映对象与说明对象绝大部分重叠。所以，一般情况下，对于反映对象与说明对象，我们在实际中可以不作区分。我们主要需要在逻辑上把它们区分开。

综上所述，本书的依据、说明对象概念不能用反映对象概念取代。当然，它们也不能取代反映对象概念。

第二节　依据对象与说明对象的差别及联系

本节，我们论证一下依据对象与说明对象之差别的普遍性，并探讨一下它们的联系、相互转化。

一、依据对象与说明对象差别的普遍性

在第二章第三节，我们指出了依据对象与说明对象的一些不同，但并没有证明全部的知识都有两个存在着差别的对象；并且，那里的讨论主要对理性知识而言。要在认识论中提出普遍适用的每一知识的两个对象的概念，必须要证明，所有的知识都有一对具有一定差异的依据对象、说明对象，包括感性知识在内。

知识可以分为感性、理性知识。所有的理性知识的说明对象不同于它的依据对象。这是因为理性知识是主体通过思维对感性材料加工的结果。它超越了感性知识的界限、范围、内容，达到了对事物的本质、全体、规律的把握。对此，不需要作过多的讨论。

感性知识是否都有两个不同的对象？我看到了面前的这朵花，作用主体的刺激物与这一感性知识指向的对象似乎是同一个东西。感性知识有什么必要区分两个对象呢？感性知识包括感觉、知觉、表象。我们分别作考察。

先看感觉。引起感觉的刺激物是它的依据对象——作用主体对象。感觉既然对外界有所断定，所以它也有说明对象，这还是当前的刺激物。所以，感觉的两个对象是重合的，同一个东西。因此，对感觉没有必要指出它有两个对象。然而，我们知道，感觉还是介于生理与心理之间的现象，它不是纯粹的心理现象。[①] 日常生活中，纯粹的感觉也不存在，感觉信息一经感官传至脑，知觉就随之产生了。所以，实际中我们说的"每一知识"，我们考察的具有依据对象、说明对象的"每一知识"，不可能是感觉形态的。因此，考察感性知识的两个对象应该从知觉开始。

知觉是人对当前事物的各种属性、各个部分及它们的关系的综合的整体的反映。我们知道，知觉与感觉的不同就在于，它的产生有主观因素参

---

① 张述祖，沈德立．基础心理学［M］．北京：教育科学出版社，1987（310）．

与，人对于知觉的对象总用自己的过去经验予以解释，所以，知觉与它的刺激对象不完全一致。作用感官的刺激仅仅是事物的局部，或者某一事物的光学信息的相关特征，但在脑中形成的知觉则是事物的整体印象，或者包括该事物的触觉信息方面的相关特征。所以，知觉的说明对象范围超出了它的依据对象——作用主体的当前刺激物。因此，知觉的两个对象不一样。当然，知觉的两个对象之不同，与理性知识相比还是初步的、低级的。这主要表现在，第一，理性知识的两个对象可以是在不同时空领域的事物；甚至一个是现实形态，一个是理想形态。知觉的两个对象则仍局限于同一个事物的范围；只不过，依据对象是这一事物的某一个别属性，说明对象则是这一事物的各个属性的综合。第二，知觉的两个对象都属于当前的事物，此时此地的事物。理性知识的两个对象则"由此及彼"，不局限于当前。

再看表象。表象的内容再现的是同一事物或同一类事物在不同条件下多次经常感知过的一般特征。从它的信息的感觉来源看，主要分为视觉、听觉、运动表象。我们分析一下视觉表象。视觉表象的依据对象是作用于主体感官的有限的事物的具有视觉特征（颜色、形状、大小等）的属性。它的指向对象则是事物的一般性的视觉特征。形成视觉表象的知觉材料总是作用主体感官的有限次数或数量的事物的颜色、形状、大小属性，而它的指向对象的范围则超出了作用主体的这些有限次数或数量的对象。它说明了所有的这类事物共有的、一般性的、典型的视觉特征。表象中还有所谓"想象表象"，它能形成未曾见过的事物的形象或者现实中未曾出现过的事物的形象。它的依据对象仍然是作用主体的对象形成的已有的表象，但其说明对象则显然超出了作用主体的对象的内容。可见，与知觉相比，表象的说明对象与依据对象的差别更加突出、明显。

由上可见，现实中的每一感性知识都有一个存在一定差别的依据对象和说明对象；并且，这种差别是明显的，有必要区分开来。所以，依据对象与说明对象概念对于包括感性知识在内的每一个现实的知识都适用。

二、依据对象与说明对象的联系

依据对象与说明对象虽然存在着不同、差别，但它们也有密切的联系。

从发展的、动态的角度来看，一般来说，说明对象从依据对象中脱胎演化而来。当然，这不是说它从依据对象中产生有一个物理的过程。而是说，它作为客体之所以能够成为、叫做说明对象，是主体根据依据对象产生出来知识进而指定的结果。从这个意义来看，依据对象是根源性的，说明对象是派生性的。从上边的论述可见，人类的认知意识从低级形式的感觉、知觉、表象，到高级形式的理性知识，依据对象与说明对象之别，是一个从无到有、不断增大的过程。从说明对象的发展、分化角度来看，感觉阶段，说明对象与依据对象是同一的、合而为一的。到了知觉阶段，说明对象与依据对象相比，有了一定的分化、拓展，但它们还是当前的同一个"事物"，所以联系还比较紧密。进入表象阶段，说明对象不再局限于当前的对象，而具有一般、典型的特征了。但说明对象的这些特征与依据对象一样，都是形象。再发展至理性知识阶段，说明对象与依据对象有了质的不同，产生了飞跃，它们可以相差很大。但从源泉上来看，说明对象有资格成为说明对象，是从依据对象中产生出来的。这是依据对象与说明对象联系的第一个方面。

它们联系的第二个方面。一般来说，依据对象中体现着说明对象的内容。说明对象不论怎样超出依据对象，与依据对象差别多么大，它之成为说明对象，受依据对象制约。说明对象的内容怎样，或者说哪一些客观对象及其属性能被纳入说明对象，从主观上来看，离不开人的主观能动性；从客观上来看，受依据对象提供的信息的数量、种类制约。主体的能动性不能脱离依据对象的制约性。依据对象提供的信息范围、内容的局限性，制约、限定着知识的说明对象。所以，说明对象尽管与依据对象有差别，但它总会或多或少受到依据对象内容、范围的制约，从而与依据对象有共同之处。

以上我们只是站在依据对象的立场上考察依据对象对于说明对象的制约。如果站在说明对象的立场上则可以看到，依据对象的一个特点即，它必须能直接或间接表明、体现说明对象的情况，否则就不够资格叫知识的依据对象。从这个意义上又可以说，依据对象在逻辑上由说明对象决定。这是依据对象与说明对象联系的第三个方面。现场的血迹、指纹如果可以看作侦探的案情判断的依据对象，它必须是凶手实际作案的事实这一说明对象的结果或效应；化石可以成为我们关于几十亿年前生物进化的推测的依据对象，就是因为它是几十亿年前动植物遗体的石化，它能表明几十亿年前的实际情况。我们不能要求依据对象尽可能接近、等价于说明对象；如果这样，也就没有认识的能动性了。然而，依据对象也不能与说明对象没有任何关联，以致于不能表现说明对象，那样它就不具有依据对象的资格。从这个意义上说，对象是否能成为依据对象，要用它能否表现知识的说明对象来衡量。

它们联系的第四个方面。有些说明对象在一定的条件下可以转化为依据对象。随着实践的发展，原来只是知识指向的对象，可以成为人们的实践的对象，从而转化为作用主体对象。另外，有些情况下，作用主体对象同时也是知识的说明对象的一部分，所以，依据对象也可以转化为说明对象。

第三节　依据对象的进一步拓展

考察知识的依据对象，即考察决定知识内容的特定的客观信息源，即探讨导致知识产生的客观信息源方面的直接原因。因此，仅仅知道决定知识内容的最终、根源意义上的客观对象还不够。关键是把握直接、现实地决定知识内容的特定对象。因为最终的对象与直接的对象内容差别往往很大，足以影响到据此做出的知识内容发生变化。要明了知识的内容为什么会这样，必须知道知识的最直接的信息提供者。本节我们首先在作用主体对象范围内，区分作用主体的客观物质对象本身与其信息载体对象，区分作用主体的客观物质对象与客观知识对象，并区分作用主体的客观物质对象本身与它的中介信息对象，这有助于搞清决定每一知识的作用主体对象是怎样的具体形态的对象。然后，对依据对象的考察超出作用主体对象的范围，进入主体脑中，进一步追踪决定每一知识的最直接的对象，指出知识的最直接的依据对象是观念客体、心理信息客体。最后指出，逻辑推理中的结论作为知识，它的逻辑层面的依据对象即知识形态的逻辑前提。

一、作用主体对象范围内对依据对象的进一步考察

在此，我们从三个方面对作用主体对象作进一步的区分，以便对属于作用主体对象的依据对象给出更精确的定位。

第一个方面。我们需要区分作用主体的客观物质对象本身与作用主体的表征该物质对象的信息载体对象。

首先需要明确什么是信息。"从信息与物质的关系角度来看，信息则是再现于他物之中此事物的内部联系、结构、属性、运动状态、存在方式的自我表征"。[①] 某一对象属于我们要认识的事物本身还是这一事物的信息具有相对性，既取决于它们的相互作用关系，也取决于主体的认识任务。我们感知"地湿"。"地湿"即我们的感性知识直接把握的事实本身。如果我

---

① 陈中立. 反映论新论——马克思主义反映论及其在现时代的发展 [M]. 北京：中国社会科学出版社，1997（155）.

们通过"地湿"目的为了认识昨天是否下雨的事实，则"地湿"就是"昨天下雨"事实的信息载体对象。化石是记载亿万年前生物进化的信息载体对象。现场的指纹、血迹是已经成为过去的凶手作案的事实的信息对象。这些信息载体对象保留的信息与表征的客观物质对象可以是对应的。然而，它们并非一一对应，或总是对应。如果能够这样，对于它的知识来说，完全可以对它们不加区分，而看作同一个对象。正因为它们有差别，并且差别明显，而且这种差别足以影响人们的知识内容的不同，所以有必要区分开它们。因此，现场的指纹、血迹是作用主体对象，是信息源，我们不能认为这就是某人实际作案的真实的事实作用了主体，成为侦探的判断的信息源。我们在此讨论它们的不同着重强调的是，在某客观对象的信息载体对象作用主体、成为信息源的时候，不能认为这就是该客观对象本身作用了主体、成为知识的依据对象。我们认为的载体对象实际中不一定真的是相应客观对象的信息载体，有出错的可能。所以，这时，知识的依据对象只能认为是直接作用主体的信息载体对象。我们可以把客观对象本身叫做相应知识的"再现"式反映的对象，而表征该客观对象本身的信息载体对象则有时不能称之为知识再现反映的对象。例如进化论再现反映的只能认为是亿万年前生物实际进化的事实，而当前存在的化石则不能称作进化论的再现反映的对象。这时，就可以把化石叫做进化论的依据对象。"地湿"是"昨天下过雨"命题的依据对象，而昨天下雨的实际事实则是该命题的说明对象。由此可见，我们把知识的依据对象、说明对象区分开来，很多情况下，就是因为依据的作用主体对象是事物的信息载体对象，而事物本身则是知识的说明对象。

第二个方面。我们再考察作用主体的客观物质对象本身与关于它的客观知识对象的不同。

从整个人类主体角度来看，我们只能说知识的依据对象为客观物质对象。然而，本书考察的着眼点为每一具体的主体。对每一具体主体的特定知识而言，它的依据对象并非仅限于客观物质对象本身。我们知道，任何一个现实主体的知识所依据的作用主体对象包括书籍等属于"世界3"的客体。每一具体主体的知识的依据对象，一方面是靠自己的亲自实践得到的那些作用主体的客观事物情况，但大量的是通过学习得到的前人、他人的经验、理论知识，即客观知识。它是以书本、计算机储存系统等物质形式为载体，以文字、图形、语言、符号等为形式表现出来的科学知识、文艺作品中的故事情节、人物形象等。我们写文章，发表自己的观点，后边都要列出参考资料，都要建立在前人、他人的已有成果的基础上，其中的主要部分，就是这些观点依据的客观知识形态的对象。在此，我们强调指出的即，客观知识对象与它表征的客观物质对象本身在内容上有差别。所以，在它成为作用主体的对象时，我们要确定主体知识的依据对象、信息源，只能认为是这些直接决定知识内容的客观知识对象，而不能认为是它表征的客观物质对象本身这样的最终、根源意义上的信息源。

客观知识对象与它表征的客观物质对象本身在内容上的不同，我们从两个方面作一点考察。首先，它们的不同表现在，客观知识不可能是它表征的物质对象的完整、毫无遗漏的描述，它有可能失真，会带上主体的主观倾向色彩，或者较粗略、笼统。例如，我们阅读一本关于拿破仑滑铁卢战役的书，该历史书与发生在1815年的滑铁卢战役的真实事实相比，可能就挂一漏万，有失真。按照目前的一般表述，似乎历史书对于主体的据此形成的关于滑铁卢战役的知识观念来说，是间接客体、间接经验，这一观念属于间接的反映。即这一观念的反映对象只是1815年的战役的历史事实；对该事实，我们通过文献资料这一中介信息间接进行了反映。这时，历史书就不是具有"再现"反映意义的被反映对象。那么，提供信息的历史书对于战役的观念来说叫什么对象？这时，就应该、就只能叫做战役观念的依据对象。而1815年的历史事实是它的再现式的反映对象，是它的说明对象。通过该例子可以看到，依据对象与知识的再现反映对象的确不一样，不能用反映对象概念取代它。当然，对历史书有一个阅读、感知、理解的过程，历史书与看这本书形成的感知之间，也存在一个"再现"意义的反映过程。但这时是把历史书本身当作认知的对象。如果我们考察的为历史事实本身，则历史书就只能叫做中介物，叫做依据对象。

其次，客观知识对象与它表征的客观物质对象本身在内容上的不同还表现在，客观知识可以是关于事物的规律性、普遍原理的内容，这是它表征的客观物质对象直接作用主体形成的感性信息所不可能包含的；它对于主体知识的作用也是后者无法替代的。在前人、他人的客观化的知识成果中，一方面有前人、他人的感性经验成果，这是对外界事物情况的记叙、机械地复写；另一方面，更重要的还有前人、他人概括、总结出来的关于外界事物的普遍规律、一般原理、理论化的成果。例如，牛顿之所以会形成经典力学的三定律，固然离不开他接触的经验事实，但很重要的是依据前人的理论化成果。伽利略第一次提出了惯性概念，提出惯性定律，牛顿只是给出了第一定律最一般的表达式。伽利略提出了加速度概念，将力与运动分开，将速度与加速度分开，为牛顿总结出第二定律奠定了基础；伽利略进一步把物体速度的大小、方向的改变归诸力的作用，这是第二定律的雏形。第三定律的建立有赖于碰撞问题的研究。惠更斯对完全弹性碰撞作了详尽的研究，为牛顿建立第三定律作了准备。[①]马克思主义哲学的形成，离不开黑格尔的辩证法、费尔巴哈的唯物主义这些理论化的依据对象。理论化的客观知识，作为主观的知识的依据对象，它是前人、他人能动创造的精神成果，是对经验事实进行抽象、概括而纳入一定的概念系统的结果，它体现着前人、他人的思维方式、概念框架。所以，直接作用主体的客观物质对象本身不能取代它。没有伽利略提出的惯性概念、加速度概念，以及其他理论成果，牛顿恐怕不会直接产生力学三定律。

---

① 李浙生．物理科学与认识论［M］．北京：冶金工业出版社，2004（177—185）．

　　由上可见，要考察决定主体的一个知识（特别是理性知识）的信息源对象，要明白该知识的内容为什么会这样，仅仅从最终意义上局限于外界客观对象显然不够。必须要知道它直接依据的对象是什么，其中特别要明白直接依据的前人、他人的理论化的精神成果是什么。只有把握了直接依据的理论化的精神成果对象，才能对主体的相应的知识为何会产生作出解释。由上还可见，作用现实主体的对象从内容上可以分为两部分：一是感性的、现象的客观物质对象本身；另外即前人、他人的精神文化成果，它是纳入一定概念体系的理论化的对象，它提供的可以直接即事物的规律、本质的信息。据此来看，第二章第三节指出作用主体对象往往是事物的现象、外部联系，说明对象可以是事物的本质、一般联系，这个断言不全面。或者说，该断言仅仅对于整个人类主体而言才普遍成立，对现实的具体主体并不普遍适用。

　　相比反映对象概念，提出依据对象概念可以更好地描述、解释理论化的客观知识与据此产生的主观知识的关系。我们可以用马克思主义哲学为例说明这一点。我们常说，马克思主义哲学是自然界、人类社会、思维发展最一般规律的反映。此处的"反映"涵义显然指"表现""再现"意义。那么，19世纪自然科学的三大发现，黑格尔、费尔巴哈哲学等已有理论，它们是否马克思主义哲学的反映对象？目前学术界似乎一般称之为马克思主义哲学创立的"前提"，包括"自然科学前提""理论前提"等等。这些"前提"是作用于当时的马克思、恩格斯感官的具体对象。如果把"前提"本身作为要考察的对象、认知的目的，对这些"前提"，马克思、恩格斯有一个阅读、感知的过程；这是一个对前提本身的反映过程。在这个意义上，这些"前提"应该叫做马克思主义哲学的反映对象。然而，我们考察的对象如果不是这些理论化的客观知识，而是自然、社会、思维这些客观世界，把"前提"叫做反映对象就会出现一些问题。第一，"前提"与"自然、社会、思维发展最一般规律"都叫马克思主义哲学的反映对象，在同一学科中用同一个名词表征不同的对象，易引起误解、混乱，在表述上不可取。第二，黑格尔哲学、自然科学三大发现，这些客观知识对象不是本源的客体，它是"本源客体"的信息载体。而此处我们讨论的"反映"指的是观念的知识"再现""本源客体"，"再现"客观物质世界。所以，说马克思主义哲学反映的是黑格尔哲学，的确不妥。如果不把它们之间的这种关系称作反映关系，就需要在理论上对这种关系作出另外的解释、专门的表述。引入"依据""依据对象"概念，似乎可以解决上述问题。我们可以指出，黑格尔、费尔巴哈哲学是直接决定马克思主义哲学内容的信息源对象，是它的依据对象。

第三个方面，我们考察一下作用主体的客观物质对象本身与表征它的中介信息对象的不同。

"如果将信息置于主客体的关系（认识场）中来看，信息是客体向主体观念转化的中介环节"。[①] 这个意义的信息可以叫做"中介信息"，它只限于可见光波、声波等几种特殊的物质粒子。主体的知识直接依据的是客观对象发出的中介信息。中介信息并不等于它表征的客观对象本身，直接给我们以刺激的光子也不等于我们要感知的对象本身。然而，它们两者在结构上一一对应，并且一般来说，中介信息一刻也离不开信源物质，它的形态完全受制于信源物质。所以，可以把它们合二为一，归为"一个"对象。可见光、声波作用感官，我们就认为是这些中介信息表征的客观对象作用了感官。所以，我们把客观对象与它的中介信息画上了等号。而前边提到的化石信息载体对象与它表征的生物进化事实，则不完全等同。因此，中介信息与他表征的对象的关系，相比信息载体对象与它表征的事物的关系，是不一样的。然而，中介信息与它表征的对象有时也会存在差异、分离，

---

① 陈中立.反映论新论——马克思主义反映论及其在现时代的发展［M］.北京：中国社会科学出版社，1997（155）.

以致于需要把它们区分开来，分别叫主体的不同对象。举一个简单、极端的例子。我们说，当前我看到了太阳。实际上，我们看到的是 8 分钟以前太阳辐射的光子信息，这只能代表"当前"以前的太阳的情况。光盘、录音带可以把已经消失的事物、过程记录下来，在当前被我们感知。这时，事物与它的中介信息在时空上就发生了分离。信息载体就存在着被改动或失真的可能。此刻，主体的相应知识的依据对象就只应该说是影像资料，已经消失的事物、过程则属于知识的说明对象。

二、观念形态的依据对象

我们知道，客观对象的信息仅仅作用主体感官，还不一定被主体所接收到。客观对象必须转化为能被我们所接收的信息形式，才能为我们认识。所以，光波等客观对象的物理信息要转化为神经信息，再转化为心理信息，客观对象的信息进入主体，形成"同构异质"的"意识事实"，才能为我们所把握，成为我们的知识的依据对象。感觉依据的对象还不是心理信息。然而，现实中的"每一知识"都不具有感觉的形式。现实中的"每一知识"最简单、最基本的形态是知觉。我们知道，感觉是知觉的唯一源泉，是知觉的起点和基础，而知觉又是其他知识的基础。所以，我们可以说，主体每一知识最直接的依据对象即外界事物在主体脑中的心理信息形态的对象。由此可见，如果我们要追根究底考察决定每一具体的观念知识内容的直接对象，则其最后的终末形式必然为心理信息形态的对象。

我们结合对认知过程的考察，进一步搞清什么是心理信息对象。我们知道，认知意识有过程和结果之分。每一知识都是认知过程的结果，即使知觉也是信息加工过程的结果。每一知识的最直接的依据对象，就是产生这一知识的认知过程中主体加工、操作的心理、观念的信息对象。知觉加工的主要是感觉材料，表象加工的主要是知觉或者其他表象材料，理性知识、思维加工的则主要是感性知识材料。这些被加工的观念信息是相应的知识的直接的信息提供者，所以，它是相应的知识的直接的依据对象。这些观念信息对象不仅限于感性信息，也可以是理论化、逻辑化的理性知识信息。

观念信息对象作为知识的依据对象就不能叫作用主体对象了，也不能叫做实践对象。它已经不在主体感官之外存在，而进入了主体脑中成为观念形态的东西了。那么，能称之为"客体""对象"？从本体论上看，观念信息对象属于精神现象。但从认识论上来看，相对**当前**产生的知识而言，这些被加工的对象是在先的，不以当前产生的知识为转移而客观存在。并且，这时它的身份是外界事物的"代表"，与光波、神经信息属于一个层次，都属于客观事物的信息形式之一。而它的作用就是给当前形成的知识直接提供信息。所以，仅仅相对当前的观念的知识而言，把它叫做依据对象完全可以。"观念的认识或思维作业所直接操作的客体是被观念化了的或已经转化为意识事实的信息客体"。①

在当前的认识之前，主体脑中有一个"先存的意识状态"。国内学者称之为"主体认识图式"，也有的学者叫"认知定势"。讨论主体知识的观念信息形态的依据对象，需要说清楚它与"认识图式"的关系。

认识图式"是主体用以为前提、为基础、为背景、为工具，去感知和理解对象的大脑认知临场状态"。它既不单纯是知识，也不单纯是逻辑结构，"而是包括知识、逻辑结构在内的主体多种意识的总体"；作为主体的心理能力，它包括认知意识、道德意识、审美意识；作为一定对象的反映，它包括对象意识、自我意识、实践意识。② 按照目前学术界的观点，主体对

---

① 夏甄陶.认识的主—客体相关原理［M］.武汉：湖北教育出版社，1996（150、155）.

② 周文彰.狡黠的心灵——主体认识图式概论［M］.北京：中国人民大学出版社，1991（118、46）.

观念信息的加工通过认识图式实现。并且，认识图式与通过图式加工的观念信息对象在逻辑上似乎不属于同一类。一个是加工用的思维方式、概念框架、背景知识及其他意识，一个则是被加工的观念信息。从它们在认知过程中的地位来看，一个是主观的，属于主体的东西，一个则是客观的东西，属于客观对象的主观表现形式。

下边，我们考察一下，实际中它们是否如上所述，分属主、客体这两类不同的范畴。

在此，我们不考察认识图式中的自我、实践意识，只考察其中的对象意识。对象意识似乎也可以从逻辑上分为两部分：一是它的信息内容，可以叫背景知识，一是它的逻辑结构、概念框架。在此，我们仅考察对象意识中的背景知识，考察它与图式加工、操作的观念信息对象有什么不同。

图式加工的观念信息对象又可以分为两种：一是储存在脑中的已有知识，一是当前刺激形成的观念信息。前一种信息对象与图式中的背景知识，都属于主体脑中的过去的已有的知识，对当前的知识而言，都是先在的意识状态。似乎很难把它们的某一个归入对象、客体，另一个归属用来加工的前提，归属主体层面的东西。对当前的知识而言，它们有一个共同点：都能提供外界客观世界的信息。所以，应该把它们都叫做客观对象，归入主体当前的知识的依据对象。后一种，即当前刺激形成的观念对象，它与图式中的背景知识似乎有明显的不同：一个是当前的映象，一个是过去的经验知识；一个是感性直观的客观对象的映象，一个则是具有理性形式、逻辑结构的主观的知识。然而，尽管它们有这些不同，但对当前的知识而言，都有一个共同点：当前的知识的信息源，所以，可以都归为客体。例如，对一张肺病患者的 X 片，一位不懂医学知识的人，看到的是一个黑白相间的图片，只有一个当前刺激在脑中形成的感性映象。而一位专业医生从这张 X 片则观察到该人有肺病。显然，给医生的诊断提供信息的不能认为只是 X 片的图像，还应该包括医生脑中的生理、病理等知识和经验。而不懂医学的人，通过 X 片之所以仅得到黑白相间的图像，因为提供信息的只限于当前刺激的 X 片图像。再从时间角度来看，心理学已经指出，一个人对待的事物主要是属于过去的，哪怕半秒钟之前的过去，严格意义的"现在"是一种微分极限。① 所以，当前刺激形成的映象与图式中的背景知识从时间上来看，似乎也没有原则上的不同，都可以叫做过去的知识，只不过有一个过去时间的长短差别。它们对于当前的知识都是在先的。相对当前的刺激，背景知识属于主体；但相对当前形成的知识，它则可以属于客体。如果我们考察主体的最终意义上的依据对象，则图式中的背景知识属于主体。但是，我们在此要考察当前某一知识的直接的依据对象，我们的讨论范围仅局限于脑内，包括客体在内。此时，"主观"只能指当前在脑内的待考察的知识，"客观"则只能是当前知识的引起者、信息提供者；此时，当前刺激形成的心理信息与已有的背景知识的区别就只能看作两种信息源的不同了。

然而，还有一个问题需要解决：图式中的背景知识与当前刺激形成的观念信息相比，它可能不是来自于当前形成的知识的指向对象，我们可能会置这一指向对象的实际情况于不顾，而把与指向对象实际不符的情况加在这一对象身上。所以，图式中的背景知识相比当前刺激直接提供的信息而言，表现出一种主观性。因此，似乎不应把背景知识纳入知识的依据对象、客体范畴。不过，主体脑中图式的已有背景知识必然作为客观信息的提供者决定、影响当前知识的内容，这是一个不以主体的喜好为转移的生理或者说心理事实。你想避免也做不到。我们说人的知识内容来源于客观现实，实际上是来源于客观现实在主体脑中的心理信息，是主体认为的客观现实。任何时候，主体依据的都是自己对客观实际的认识和理解。② 并且，大多

---

①　张述祖，沈德立. 基础心理学［M］. 北京：教育科学出版社，1987（371）.

②　周文彰. 狡黠的心灵——主体认识图式概论［M］. 北京：中国人民大学出版社，1991（239）.

数情况下，已有的背景知识能够比当前的客观对象刺激的心理信息更全面、深入地告诉主体这一事物的情况，它是当前刺激信息的必要的补充。所以，多数情况下，它甚至比当前客观对象的心理信息更加"客观"。

综上所述，图式中的背景知识与图式加工的观念、心理信息，对于当前的知识而言，虽然有差别，但它们都可以且应该纳入这一知识的依据对象概念，叫做该知识的客体。

目前关于知识形成的基本观点为：作为外界事物刺激的心理信息是唯一的输入信息（用 A 表示），主体的认识图式（包括背景知识、解释结构等，可以用 B 表示）对输入的心理信息进行加工，从而形成输出的知识（用 C 表示）。可以把这一观点表示为：$A + B \rightarrow C$。本书指出，代表外界事物情况的输入信息包括当前刺激形成的心理信息（A_1）和图式中的背景知识（A_2）两部分。主体图式中的背景知识以外的部分作为主体因素（用 B_1 表示，$B_1 = B - A_2$）对 A_1、A_2，特别是 A_1 进行加工，形成输出的知识（C）。本书的观点为：$(A_1 + A_2) + B_1 \rightarrow C$。

本书指出，作为知识的直接依据的观念信息对象包括两部分，这与目前心理学等学科的观点是一致的。认知心理学认为，知觉有两种信息源：来自外部世界的感觉输入信息，来自记忆的相关的过去的知识和经验。[①] 认知心理学所说的"模式识别"，即人们把输入刺激（模式）的信息与长时记忆中的有关信息进行匹配，并辨认出该刺激属于什么范畴的过程。[②] 如果换成本书的表述，这就是说，在模式识别这一认知过程中，知识的提供信息的依据对象既包括输入信息，也包括记忆信息。另外，哲学界也有学者持该观点。主体认知定势的构成因素之一的原先储存的信息内容，可以作为接收和获取关于新的外部客体的信息材料并对之进行思维加工处理的内在

---

① 章士嵘 . 认知科学导论［M］. 北京：人民出版社，1992（128）.

② 章士嵘 . 认知科学导论［M］. 北京：人民出版社，1992（130）.

的背景信息或参照信息而起作用，它也属于思维加工处理的信息客体。① 当代科学哲学流行着一种"观察渗透理论"的观点。它认为，观察除了包含着被观察物对感官的刺激产生的感觉图像这一因素外，更重要的是包含按一定的样式对感觉图像进行组织这一因素。而组织方式则与观察者原有的经验与理论有关。② 对此，也可以用本书的上述观点给予解释：观察形成的知识的信息源即依据对象，既包括被观察物产生的感觉图像，也包括脑中的已有的知识和理论。

　　显然，观念信息对象与它表征的外界事物原型有差别，尤其是理性知识信息形式的观念信息对象。它还可能出错，给主体提供不可靠的客观信息。这种差别会导致据此产生的知识内容有很大的不同。所以，在确定知识的依据对象时，应该尽可能搞清最直接地决定知识内容的观念信息对象的情况，它才是导致知识内容怎样的最直接的原因。正因如此，我们区分了观念信息形态的依据对象与最终意义的物质依据对象。不过，任何观念信息对象最终的信息源仍然是作用人类主体的客观物质对象。所以，从最终意义上来看，任何主体知识的依据对象只能是作用主体的形成观念信息的客观物质对象。

　　把知识的依据对象扩展至包括已有背景知识在内的观念信息对象，可以对一些知识的形成给出更圆满的解释。

　　理想实验是一种思维活动，实验的结果是一种理想化客体必然表现出来的某种纯态。如果把科学原理的依据对象仅仅限定在主体之外的客观物质的对象、事实，就无法对许多科学原理直接根据理想实验的结果做出的事实，从认识论上给予圆满的解释。而这一事实的存在也表明，要揭示科学原理的依据对象，需要把科学原理直接依据的观念信息对象包括在内。

---

　　① 夏甄陶. 认识的主—客体相关原理［M］. 武汉：湖北教育出版社，1996（157）.

　　② 张巨青. 科学逻辑［M］. 长春：吉林人民出版社，1984（167—168）.

有的科学理论是科学家从某些理论、观点、理论信念、理论概念出发，通过想象、类比或演绎做出的。这些事实都要求认识论在研究某一具体知识的依据对象时，应该包括观念的信息对象。

天气预报的依据对象是什么？按目前的观点，似乎仅仅是过去、现在的大气要素的实际运行情况。然而，把天气预报的客观信息提供者只局限于此，似乎就不能圆满、彻底地解释，人们由此怎么能够得出未来的天气情况的预报。如果把预报者脑中的关于大气运行的一般规律的知识也纳入天气预报的依据对象，就可以从依据对象方面更圆满地解释未来的天气预报的产生。我们根据"地湿"得出"昨天下雨"的结论，依据对象也不能认为只是"地湿"的事实。还应该包括我们脑中关于地湿与下雨具有必然联系的经验。这些例子表明，依据对象扩展至主体脑中的背景知识对象，对有些知识而言，它的内容没有超出依据对象提供的信息范围。这时，似乎知识的观念依据对象与说明对象，不像知识的作用主体对象与说明对象那样，表现出较大的不对等、不对称。但这种情况下，似乎依据对象与说明对象仍然不完全相同。

此处，还需要讨论一下"观念信息对象"与"反映对象"的关系。

按照目前学术界的表述，感觉材料不是知觉的对象，感性知识也不是理性知识的反映对象。当前知识所依据的背景知识，目前似乎一般称作当前知识的"背景""基础""前提"。这些"背景""基础""前提"与知识的反映对象是什么关系？似乎未见明确的说明。前边已指出，"反映"一词有三种不同的涵义。从"呈现""再现"这一反映的意义上来看，或者说，从本源的客观世界角度来看，感性知识的确不是理性知识的反映对象，背景知识也不是当前知识的反映对象。然而，从"引起和被引起"，从"信息源"这一反映意义来看，它们应该称做相应知识的直接的依据对象、反映对象。当然，在信息源意义上，我们也可以不把观念信息对象叫做反映对象，而把它表征的客观对象叫做提供信息的反映对象。然而，感性知识与它表征的客观对象原型之间，背景知识与它表征的客观对象原型之间，并非一一对应。它们之间的差别，它们提供的信息的不同，足以影响相应的知识内容发生相应的变化。所以，我们应该像前边区分化石与进化事实，客观知识对象与它表征的客观对象一样，把它们区分开来，分别叫做知识的不同的对象。如果把感性知识、背景知识也叫据此产生的知识的反映对象，这的确容易与该知识"呈现"的客观对象反映对象混淆。看来，本书提出的侧重于"提供信息"意义的依据对象概念这时就有必要了。"前提""基础""背景"在这里的作用实际上就是提供信息的作用，就是知识的依据对象。

最后，有必要对上述观念信息对象做两点补充说明。

上述观念信息对象与据此产生的知识都属于主观的精神现象，显然，我们把某一知识的起信息源作用的背景知识叫依据对象，这只能相对于该知识而言。如果说，作用主体对象这种依据对象还可以是一个相对某一主体成立的概念，观念信息对象则完全是一个相对特定主体的特定知识才成立、才有意义的概念。这也是本书所说的作为依据对象的背景知识与目前一般所说的背景知识不同的一个地方。

通过内省这种自我观察，主体可以把自己脑中的主观的精神包括知识作为对象进行自我认知。这个意义的主观精神、知识与此处讨论的"观念信息对象"的意义不同。主观精神是自我认知的指向对象，它就是客体原型。我们一般称之为主观精神客体，它不同于自然客体、社会客体。但观念信息对象相对当前的知识而言，则只是原型事物的表征，它是原型事物的一种信息表现形式，即心理信息形式。它是依据对象，而不是知识的指向对象。

三、逻辑层面的依据对象

上边，我们从意识论、心理学角度考察了每一具体、历史的知识的依据对象。在此要考察，逻辑推理中的结论作为一个知识，它的逻辑层面的依据对象是什么。

前边，我们曾经结合着产生每一知识的认知过程，考察知识的观念信息对象。相应地，从逻辑层面考察知识判断的依据对象，也可以结合判断形成的逻辑思维过程。判断通过推理形成。推理即根据已知的判断得出另一个新判断的思维过程。在逻辑学中，推理凭据的判断叫前提，推理得到的判断叫结论。我们把结论看作待考察的知识，结论的逻辑层面的依据对象，即推理的前提。例如，所有金属都导电，铜是金属，所以，铜也导电。在该推理中，"铜也导电"的逻辑的依据对象，就是"所有金属都导电，铜是金属"这两个判断。

我们可以假设，刚才得到"铜也导电"的演绎推理过程，恰好是实际存在于某一主体脑中的一个心理形态的思维过程。这时，刚才的那两个逻辑的依据对象前提，从心理层面来看，即"铜也导电"判断的观念依据对象。主体把脑中的实际思维过程及结果，通过语言表达出来，就是上述的逻辑的演绎推理。这时，逻辑的依据对象及推理与实际的观念依据对象及思维，正好一致、对应。

然而，主体通过语言表达出来的逻辑推理，并非都由于人脑中有一个同样的实际的思维过程，它并非都是脑中实际思维过程的翻版。所以，相对同一个知识，表达出来的逻辑的依据对象，与这一知识的实际观念的依据对象，并非都一致。逻辑推理主要分为归纳、演绎推理。归纳推理，似乎还可能较多地、大致地是主体由个别至一般的实际思维过程的再现；表达出来的演绎推理，似乎许多情况下不是主体脑中实际的思维过程的复写。演绎推理中的结论所依据的逻辑前提，多数情况下并非这一结论知识实际产生时所依据的观念信息对象。许多情况下，主体已经有了结论，再去找依据，再按照逻辑规则组织逻辑前提。

我们知道，知识的依据对象作为信息源，它至少应该先于这一知识作用主体。逻辑前提则可能是已经有了知识才找到的，才作用主体的。它怎么能叫做依据对象呢？对此，我们从两个方面作出解释。第一个方面。我们分析一个实际例子。假设，某一侦探只根据 A 曾经在案发现场住过就**猜测**："A 是作案的凶手。"后来，这一侦探又根据 A 在案发现场留下的血迹、指纹、凶器等事实，作出**推断**："A 是作案的凶手。"前后两个判断的内容一样，说明对象一样，但依据对象不同。显然，前后两个判断对我们的意义、所起的作用也不同。对前后两个内容相同的判断，不应理解为是完全没有差别的同一个知识，需要看作"两个"知识。什么叫严格意义上的"同一个知识"？不应只看它们的内容前后是否变化，不应只看说明对象的一致，还应考察它们的依据对象前后是否保持不变。如果它们的依据对象发生明显的变化，则变化前后的内容相同的知识，应该看做两个知识，是两个具有不同依据对象的知识。明白了这个道理，对逻辑推理中的前提可以看作结论的依据对象，似乎就容易作出解释。在逻辑推理中，固然我们可以先有了结论再寻找前提，但在找到合适的前提组成这个推理时候的结论，与寻找到前提之前的结论不是同一个结论、知识。之后的结论的前提作为依据对象，可以看作先于它的结论知识，例如血迹、指纹等事实相对于上述"推断"而言就是在先的；而之后找到的前提则不能看作之前的那个结论的依据对象，例如血迹、指纹等事实并非先于上述"猜测"。第二个方面。前边我们讨论知识的依据对象，都离不开相应的主体，我们主要从心理学的层面讨论某一主体的知识的依据对象是什么。在此讨论逻辑层面的知识的依据对象，似乎一定程度上可以看作脱离具体的主体。在语言文字表达出来的书面的逻辑推理中，我们考察的只是一个作为结论的知识，我们可以不管这个知识的主体是谁。而这个知识的依据对象，即推理中的一系列的前提，我们也可以不去考虑它作用了哪一个主体。如果从这样的逻辑层面来看，前提作为依据对象就是先于结论的。

我们知道，论证是用一些真实性已经确定的判断判定另一些判断的真实性的思维过程；与推理不同，它是一个从结论到前提的过程。本书在下一章第四节将指出，论证不同于推理，它不是知识形成的过程，而是用论据尺度判定论点的知识证明过程；所以，论证中的论据严格来说不等于推理中的前提，它不是论点的逻辑层面的依据对象。然而，知识的形成与证明是统一的，不能截然分开；下一章将指出，充当尺度的说明对象与依据对象也是可以转化的。因此，仅仅从本章讨论的知识形成的角度出发，似乎也可以在一定程度上把论证理解为推理，把论据看作为前提。因此，论证中的论据相对于论点，似乎也可以叫做逻辑层面的依据对象。我们发表关于外界情况"是什么"的见解，用来论证见解正确的事实论据、理论论据，就可以看做见解的逻辑的依据对象。

第四章　说明对象与知识的检验

　　本书要全面地考察知识的依据对象、指向对象，除了应指出它们在知识形成中的作用外，更重要的是考察它们在知识检验中的作用。本章的主要内容即：在第二节，通过对实际的几种主要的实践检验方式的考察，指出它们都是、都应该是知识与它的说明对象尺度的间接的对照过程；在第四节，通过对实际的逻辑证明的考察，指出逻辑证明这一判定活动也大体是间接用论点的说明对象为尺度判定论点的过程。在第三节，我们将讨论依据对象与知识检验的关系，并在作用主体对象、说明对象概念的基础上，进一步引入描述知识检验活动很有用的"证明对象"概念。

第一节　知识检验的几个术语和理论前提

　　我们先明确几个相关的术语的涵义。

　　"检验"，指对知识与它断定的对象是否符合的判定。检验是对知识这一观念的一种属性的把握。

　　"知识"一词在第一章第一节已经作了说明。可见，本书讨论的"知识检验"的范围较窄。方针、政策不是知识，它的检验与知识的检验也不同，本章第二节第四部分将专门讨论方针、政策的检验（实际上归结为方针、政策直接依据的知识的检验）。本书所说的"知识检验"也不包括对知识是否符合人的利益的价值评价、合理性的评价，不包括这一知识对主体有无肯定的意义、积极的作用的评价。

实践、客体概念，是本章非常重要的概念。第一章第二节阐述的实践概念及其与客体概念的区别是本章表述的基础。

我们还需要明确知识检验中使用的"标准""尺度"概念的涵义。

检验标准有"检验真理的标准"和"真理的标准"两种涵义。"检验真理的标准"一词，不同的学者在使用中理解很不一样：有的学者仅指判定知识是否符合客体的手段、方法；有的学者仅指实践中直接起判定知识是否符合客体的"比照的原型"、对照物尺度，它主要指实践的结果；还有的学者既指检验的手段又指检验的尺度。国内几位著名哲学家均把检验真理的标准仅仅理解为检验的手段、方法。关于检验的手段不是本书讨论的主要内容。检验的手段是实践，这是本书讨论的前提、基础。本书讨论的主要是在检验活动中起衡量的对照物作用的尺度。该对照物尺度如何称呼？如果称之为"标准"，由于在后边的讨论中将涉及检验的手段，而检验的手段一般也称为标准，这样势必出现一词两用，容易造成混淆，表述也不方便。所以，仅仅出于表述上的考虑，本书把"衡量的对照物"意义上的"标准"用"尺度"一词表述，而把"检验手段"意义上的"标准"直接称之为"检验的手段"，不采用"标准"一词表述。

我们再看一下检验标准的第二种涵义："真理的标准"。它主要指根据真理的定义确定的认识对象，指衡量知识的尺度、原型、衡量的对照物。按照目前大多数学者的观点，该意义的对照物尺度不能起到检验尺度的作用，不能叫做"检验"的尺度。本书把该意义的对照物也称"检验尺度"，将详细讨论该尺度在检验中的间接作用，并讨论它与在实践中直接起作用的尺度的关系。所以，本书的"检验尺度"有两种涵义。

对本书讨论知识检验的几个基本原则、理论前提，需要作一介绍。

关于知识检验的讨论，一方面是对客观存在着的人类认知活动实际上怎样、应该怎样的考察，这属于知识检验活动的客观性内容。另一方面又存在着对知识检验的事实如何表达、描述的讨论。例如，关于实践、客体概念的区分，关于检验、标准的涵义的讨论等。这时，评价的依据主要即逻辑上是否自洽、一贯的原则，以及遵从习惯的原则。这两方面在实际中交织在一起，但理论上不能把它们混淆。

关于知识检验活动客观性内容的讨论，又分两个方面，需要区分开来：一方面，现实中具体、历史的人一般情况下如何检验知识；另一方面，我们应该怎样检验知识。前一内容属于具有一些实证性的研究。这种研究的成果是否正确，也要通过实践，以客观的认知事实为尺度来判定。后一方面讨论的内容主要是，对知识的具体判定活动是否都应该称作"检验"？如何评价对知识的某一判定效果的优劣？知识检验应该怎样进行才更好？

本书区分了"知识的检验"和"实践在检验中的作用"两个命题。国内哲学教科书讨论较多的是实践在知识检验中的作用。本书认为，实践在检验中的作用不能完全等同于知识的检验，它只是知识检验的环节之一。知识的检验至少还包括客体在检验中的作用。关于知识的检验，本书把以下两个命题作为论述的基础：第一，知识的检验由实践和客体共同完成；第二，描述知识的检验至少应该使用实践和客体两个概念。先来讨论第一个命题。客体是知识的信息源，是知识要把握的对象。如此重要的决定知识内容的因素在检验中即使不能直接起作用，难道连间接的作用也没有吗？难道检验会与它无关？恐怕不会有人作出肯定的回答。在认识论关于知识检验的内容中，没有指出客体的作用不能令人满意。本书的任务即：以实践是检验的基础为前提，着重讨论客体在知识的各种形式的检验中如何起作用。再来讨论第二个命题。或许，国内主流观点不是否认客体在检验中的作用，但在表述知识的检验时，认为只使用"实践"一个概念就够了。关于这方面的内容，在第一章已经作了许多论述，在此不在赘述。

知识的各种检验由检验的手段和尺度共同组成。这是本书的一个基本观点，也是本书关于知识检验的基本表述形式。该观点似乎在学术界已经达成共识。本书区分了"检验的尺度""检验的手段""检验活动"三个概念。检验活动由检验尺度和手段共同组成，即由客体和实践组成。本书着重讨论检验尺度在检验活动中的作用。

第二节　说明对象与知识的实践检验

本节主要讨论知识的说明对象作为检验的尺度，在知识的几种实践检验形式中如何起作用。知识的实践检验大致可以分为直接检验和间接检验。前者即直接以说明对象的观念形态为尺度的检验，例如直接观察到今天下雨的事实来判断"今天下雨"这一命题。后者即所有不是直接以说明对象的观念形态为尺度的检验，例如后边提到的假说演绎法检验、应用知识于生产实践的检验都属于间接检验。

一、直接以说明对象的观念形态为尺度的检验
——知识的直接实践检验形式

我们先考察一下构成该种检验的五个逻辑环节，以及它应该具备的前提条件。当然，以下的论述不仅限于该种检验形式。

　　对一个知识检验前，首先要明白它的内容，它所说明的对象及其属性、范围是什么。待检知识的内容应该明确，不能含糊不清。知识的检验尺度和手段具体是哪一个，应该是哪一个，都由待检知识的内容指定。所以，明确待检知识的内容，是对知识进行检验的第一个环节。

　　知识仅仅指对客观对象有所说明、断定的意识。检验是什么？即把主观的说明、断定与被说明、断定的客观对象情况进行比较、对照，看看是否符合。既然检验是一个比较、对照，要实现比较、对照，必须有一个与待检知识进行比较的样板、对照物，即本书所说的"检验尺度"。这个尺度是什么？应该是什么？由刚才关于知识检验的定义，我们可以逻辑地得出一个必然的结论：检验每一知识的尺度就应该是这一知识所说明、断定的那一客观存在着的对象。知识说的是关于社会的现象，尺度就应该是实际的社会现象的事实；知识说的是未来或过去的事物，尺度就应该是将来要出现的事物或过去的历史事件。这应该是不言而喻、不容置疑的。用本书的术语表述，显然，对每一知识进行检验的尺度，就应该是这一知识的说明对象。这里，说明对象之作为它的知识的尺度，与它是否可能在实际中起到尺度作用，是否现实地起到尺度作用无关，与主体能不能把握到它无关。它由检验的定义必然地决定。只要待检知识的内容指定了，检验的应该的尺度是什么就不以主体的意愿为转移而具有确定性、必然性。这也可以叫做"客观性"。说明对象在这个意义上作为检验的尺度，本书也称之为"应该的尺度"、"根本尺度"。这也是目前一般所说的"真理的标准"。明确待检知识的说明对象是什么，这是检验能够进行的第二个环节。

　　明确了知识的内容，也知道了检验它的尺度应该是什么，能否实现知识与它的说明对象尺度的对照？绝大多数情况下做不到。这有两种情况。其一，理性知识的说明对象许多情况下是事物的本质、规律性，或者数量上无限，无法直接拿来用作尺度。这种情况我们在此暂不予考察。其二，即使能够看得见、摸得着的外界对象，一般来说它并非能够自动地、纯粹地呈现在主体面前，供主体对照。所以，这时就离不开主体对客观世界主动地干预、影响、变革、接触，即实践。有的知识，其说明对象虽然现成地存在于客观外界，例如天体，但它本身或者它的中介信息并非直接面对着主体，能够作用主体，这时，只需要主体的一种主动地接触、接近的实践活动。有的知识，其说明对象虽然现成地存在着，但需要一种变革实践才能出现在主体面前，例如地下的矿藏。还有的知识，其说明对象并非现成地存在着。例如，我们说："面前这杯水的分子由两个氢原子和一个氧原子组成。"该知识的说明对象严格来说是一个微观的事实，简单起见我们把宏观的关于这杯水的分子构成的事实作为该知识的说明对象。然而现实中，该宏观事实也不可能现成地存在着。此时，需要主体进行一种变革、改造的实践，变革这杯水。例如，对它进行电解，从而产生出这杯水的分子由两个氢原子和一个氧原子构成的宏观的事实。要从事针对说明对象的实践活动，这是使用说明对象尺度检验知识必须要具备的第三个环节。实践这一环节又包括很多具体的步骤，国内哲学界已经作了较多的论述。需要指出，要实现知识与说明对象的对照，除了实践这种检验手段外，还离不开逻辑推理这种理论思维活动的检验手段。

我们所说的比较、对照，其中的一方是观念的知识，另一方是物理的客体。两个异质的东西无法相互比较，需要把它们转为同质的东西。检验是主体自己想做的一件事，主体要实现对照，必须知道对照的尺度的情况；对照也只能在主体脑中实现。所以，作为尺度的物理客体的信息只有通过人的感官进入人的脑中，转化为主体能接受的观念的信息形式，实现与观念"同质"，才能被主体知道，与已经在主体脑中的待检知识实现对照。由此，就引出了知识检验的第四个环节：要实现对照，说明对象尺度必须能转化为主体能接受的信息形式，并且进入脑中。或者说，主体要能感知到、把握到说明对象尺度的情况。

说明对象尺度仅仅进入脑中还不行，它由物理客体转化为观念信息不能失真，这个转换应该等价，否则观念的尺度就不能很好地履行对照的样板的职责。这是实现对照的一个前提条件。我们要检验知识正确与否，但是检验必须依据的观念尺度本身又有一个是否正确的问题，这是知识的检验无法避免的难题。

以上环节都完成，就进入了知识检验的最后一个环节——在人脑中将知识与它的说明对象尺度的观念形态进行比较、对照，并得出知识是否正确的结论。

由上可见，在直接检验中实践以及客体都起一种重要的作用，它们都不能单独完成检验。检验由实践、逻辑分析、感知这些手段与说明对象尺度等共同组成。用直接作用于说明对象的实践为手段，直接用知识的说明对象的观念形态作为检验的尺度，就组成了检验一个知识的直接检验。

上边只是笼统地讨论了直接检验的几个环节，给出了它的定义。要明了这种检验，至少还需要作以下四个方面进一步的解释。

第一个方面，需要明确该种检验实际中主要针对感性还是理性知识？

上边已经提到，关于事物的本质、普遍规律的理性知识无法进行直接检验。感性知识的检验看来大多数可以直接检验。"A 航班现在已降落在 B 机场"，要判定该知识，可以直接感知 A 航班是否降落在 B 机场的事实。"某处地下埋藏有一些武器"，要检验该知识，可以通过对该处的挖掘实践活动呈现出该处的状况作为判定的尺度。这些例子都属于直接使用待检知识的说明对象的观念形态作为判定尺度。"中国革命走农村包围城市的道路，可以取得成功。"该理性知识的说明对象，即中国革命实际由农村包围城市的过程以及成功的结果。用这一作为客体的实践过程及其结果判定该知识，可以看做近似的直接检验。（见本节第四部分）看来，直接检验并非那么严格地仅限于感性知识。另外，大多数理性知识的间接检验虽然总体上不是一个直接检验，但其中的终末环节包含着一个对于知觉命题推论的直接检验，因此，理性知识的间接检验也离不开直接检验。（见本节第二、第三部分）

第二个方面，需要说明"直接"的涵义。

这里说的直接检验主要指对于外界的知识的检验。显然，它不可能直接用物理客体为尺度，只能用物理客体尺度的观念形态，所以严格来说也是间接的检验。我们称之为直接检验也仅仅相对于后边提到的推论检验等而言。我们知道，认知性的知识当然还应该包括关于自我意识的认知。主体自己的意识活动，例如疼的感觉、自己的思考活动作为客体是主体可以直接把握的，要检验陈述"我感到肩膀疼""我正在思考如何写作知识论"，主体可以直接把握存在于脑中的这两个陈述的说明对象，直接使用待检知识的说明对象这一根本尺度进行检验。说明对象可以拿来作为直接使用的尺度进行的检验，本书叫做根本检验。当然，稍后将指出，并非关于自我意识的检验都是根本检验。如果知识的检验包括自我意识，则严格来说只有自我意识的检验才应该称之为直接检验，而关于外界的任何知识的检验都是间接检验了。齐硕姆在《知识论》中就区分了"直接明证"和"间接明证"。在他那里，通过知觉或观察知道的东西不是直接明证的，而是间接明证的，对一个人为直接明证的是某些"对他自我展现"的事态，例如想问题和相信某些东西。①

国内有关自然科学的知识检验的论著，一般也区分了直接检验和间接检验。那里的直接检验指借助于观察和试验所提供的感性知觉材料，将待检验的陈述直接与现实相对照，用以检验一个判断；它的检验对象通常都是事实陈述，例如"这是一瓶红色透明溶液"。② 不难看到，对这样的事实陈述即单称陈述的直接检验，用本书的术语表述，一般来说也就是直接用单称陈述的说明对象的观念形态为尺度进行检验。所以，这样理解的自然科学中的直接检验概念与本书的直接检验概念是一致的。然而，自然科学

---

① 齐硕姆.知识论［M］.北京：生活·读书·新知三联书店，1988（52—55）.
② 张巨青.自然科学认识论问题［M］.长沙：湖南人民出版社，1984（305）.

中所说的直接检验并非仅限于单称陈述，一些文献中还包括对普遍命题的检验。例如，要验证动量守恒定律，在保持合外力为零的前提下，进行两个物体的碰撞实验，就是一个直接检验。[①] 这一普遍命题的说明对象数量是无限的，而任何时候的物体碰撞实验，都只能代表无限的说明对象的一部分，不能完全等同于说明对象整体。第二章第三节第二部分已经指出，对应于命题包括内涵与外延两部分，命题的说明对象也可以分为两部分：对象的范围、数量和对象的性质。只有对这两部分的全面的直接把握，才算完全地直接使用说明对象的观念形态尺度。因此，本书中对普遍命题的这类检验不属于直接检验。

第三个方面，需要解释"说明对象的观念形态"的涵义。这方面的内容较复杂，有必要进一步展开论述。

物理形态的客观对象要转化为观念形态，需要经过一系列的中介转化过程，从物理客体的信息到神经生理形态的信息再到观念形态的信息。观念形态的信息依次又有许多的形式，感觉、知觉、表象、记忆、概念、乃至理论等。在这一系列的转化过程中会出现失真。从尽可能地减少中间环节、避免失真的要求来看，似乎用作表征物理客体尺度的观念信息应该是其中的最原始的、最基本的感觉。然而，我们知道，现实生活中人们一般都是以知觉的形式直接反映客观事物，很少有孤立的感觉存在。需要直接检验的感性知识主要是知觉或者以知觉为基础，它的内容断定的是客体的整体的、综合的信息。因此，它指向的说明对象尺度的观念形态也应该是关于客体的整体信息的知觉。不过，我们知道，仅仅指出检验的观念尺度是知觉过于笼统、简单。下边我们对作为尺度的知觉作一些较深入的论述。

"这是一个苹果"。以这一典型的感性知识为例，我们看看检验该感性知识的观念尺度是否知觉，是怎样的知觉。该知觉命题包含关于面前的圆

---

① 龚镇雄.漫话物理实验方法［M］.北京：科学出版社，1991（19）.

形物体属于哪一种类事物的内容。要判定涉及该内容的命题的真假，我们就应该也必须依据该命题的说明对象——关于面前的物体是否蔷薇科落叶乔木植物的果实的事实。该事实作为应该的尺度涉及的是事实的本质规定、属性。显然，要把握这一本质属性，仅仅通过再看一遍，根据它的形状、颜色是不行的，还需要它传递到手上的触觉，闻一下它的香味并且亲口尝它的味道。这些不同的感觉总和的情况更能表明它是否苹果。但这样的知觉作为说明对象尺度的观念形态与说明对象尺度本身还不那么很接近。要更可靠地把握该物体是否苹果，我们似乎还应该根据苹果的营养成分的一般性原理，运用建立在理论基础上的各种仪器，对该物体进行营养成分的化验；甚至根据苹果的基因构成理论对它进行 DNA 测定；还应该看看它是否蔷薇科落叶乔木植物上的果实，是否有生长过程，等等。另外，这样的判定、鉴别活动不应该只局限于你一个人，还应该包括其他人，判定应该具有主体间性，普遍一致。

可见，要尽可能可靠地判定面前的物体是否苹果，我们不能简单地再看一看、尝一尝，还需要进行化验、考察是否落叶乔木的果实等实践活动；其中也离不开理论的指导作用；另外，还有赖于不同主体间的重复一致的验证。在这个简单的感性知识例子中，检验它的观念尺度却不止一个，需要多种检验方式的共同参与。那么，其中的说明对象尺度的观念形态是什么？所有的检验方式中用的观念尺度都是知觉吗？我们来仔细考察一下。以判定营养成分的化验实践活动为例，我们根据苹果成分的一般性原理，并假定该物体是苹果，做出该物体有相应的营养成分（化验单结果是怎样）的预言，然后，我们拿化验实践的结果——例如一份化验单，与该预言对照，直接判定成分是否一致，从而间接判定该物体是否苹果。显然，最终环节的判定尺度——化验单，也需要感知并传至大脑，在这里，我们实际上是用对于化验结果的知觉作为直接的尺度。关于是否落叶乔木的果实的判定也是这样的过程。因此，以上关于是否苹果的各种检验方式中，最终的判定尺度都是相应的知觉。当然，各种检验方式中的知觉能发挥尺度作用建立在相应的理论的基础上。只不过，作为检验尺度的知觉总和并非仅限于关于眼前物体的形状、颜色等知觉，还包括对化验实践结果的感知等；考虑到主体间性，它还应该是许多主体普遍一致的知觉。因此，我们可以得到结论：作为检验尺度的知觉是一个"知觉体系"。接下来，我们论述这是一个怎样的"知觉体系"。

第四个方面，关于知觉尺度的可靠性。在此不可能全面讨论这一内容，主要从知觉尺度趋向、接近它的说明对象的角度简单论述一下。

前边提到，关于自我意识的认知的检验，可以直接用它的说明对象作为尺度。因此，这类检验应该是可靠无误的。然而，主体对自己的意识的把握也可能出错，例如"我感到疼"也可能是错误的。[①]所以，对自我意识的检验也不能认为绝对可靠，也就是说，它并非都能准确地直接把握到说明对象的真实情况，从而称之为根本检验。不过，似乎这类检验正常、多数情况下是可靠无误的。

下边，我们着重考察关于外界的感性知识检验中知觉尺度的可靠性。

要判定面前的物体是否苹果，如果仅仅自己再看一遍并且让其他人也再看一遍，或者只是通过化验结果来判定，可靠性都不高；单独的一种检验方式所用的间接尺度都难以做到更准确地替代说明对象尺度。然而，我们如果既有对它的颜色、味道等的感知，又进行了营养成分、DNA 等多种化验，还实地考察了它是否落叶乔木的果实；并且，如果这是多人、多次的检验活动，则这些多人、多次、多种检验活动中的间接知觉尺度的总和，作为一个有机的总体，就能更好地充当替代说明对象的尺度。如果多人、多次的感知都一样，化验、考察等各种检验方式的结果都分别与它的

---

① ［美］路易斯·P·波伊曼. 知识论导论［M］. 北京：中国人民大学出版社，2008（113）.

预言吻合，很难说这都是巧合，都错误，这样的间接知觉总和就可以称之为"融贯一致"，这样的建立在理论基础上的"融贯的知觉尺度体系"就可以认为非常接近说明对象这一根本尺度。可见，要追求尽可能高的可靠性，即使对于知觉命题，检验活动也应该是一个知觉命题与多人且融贯的知觉体系的比较。在这时，我们不能脱离待检知识的说明对象谈论检验的尺度是"多数人的知觉的一致或者融贯"，这个多数人的观念的一致或者融贯需要用它们趋近物理的说明对象尺度来解释，我们应该说清楚为什么多数人的观念的一致或者融贯趋近于物理的说明对象。当然，这一融贯的知觉尺度体系不论多么庞大，理论上也不会完全等价于说明对象尺度，它仍然可能出错，只是它的逼真度更高而已。这些多人、多次、多种检验方式中的知觉有一个共同的特征——都与说明对象有不同程度的相关，或者是说明对象与主体感官相互作用的产物，或者是说明对象与检测仪器等作用的结果在理论的参与下再传递到主体的大脑，等等。形象地说，它们都围绕着说明对象这一中心组成了一个大家庭。

需要指出，理论上，要检验"这是一个苹果"，单纯地看一看、尝一尝可靠性不高。但实际中，在与特定的背景、环境知识融贯一致的情况下，单纯地看一看、尝一尝还是较可靠的。"这是一个苹果"的内容涉及对象属于什么种类的事物，所以判定也相应地复杂。一些更简单的知觉命题，例如"这个温度计的水银汞柱停在 37 的刻度上""A 物体的体积大于 B 物体"，内容主要是两个东西的距离、空间关系，相应的，其说明对象也主要是距离、空间关系，这时，判定的知觉尺度似乎不必形成一个不同检验方式相互融贯的庞大体系。这时的知觉尺度（在环境、感官等正常的前提下）主要表现为多人对同一说明对象的重复知觉，或者照相后对相片的重复知觉，这样的知觉总和似乎也能达到较逼近说明对象的程度。

要尽可能地提高知觉尺度的可靠性，一方面，重要的是使用上述多数人一致的知觉体系，另一方面，还可以利用人类视觉对某些外部对象感知的正确性高的特点。"我们在原则上应当使我们的感官可感知的运动和不可感知的运动都转化为我们视觉器官的感知对象，转化为测量仪器上的空间刻度或数字显示。"① 对于空间刻度或数字显示的视觉感知，一般来说正确率较高。例如，直接用肉眼观察高高升起的月亮，看起来会感觉比它接近地平线时小很多，这是观察的幻觉；我们可以安装一个观测管，配以十字标线，通过观察这两种情况下标尺读数的差异没有实质性变化，就可以发现月球的表观尺寸没有变化。② 把对月球大小的观察转化为相应的标尺读数大小的测定，可靠性就大大增加。任何感性知识检验的最后环节都要归结到用一个或者数个知觉做尺度检验，最后也总要依赖某一作为尺度的知觉（往往是视觉）的正确性。例如，在营养成分化验的检验中，化验结果出来了，对于化验单的视觉感知作为最终环节的尺度一般情况下是正确无误的。

　　由上论述不难看到，即使对感性知识的直接检验也是相对的，有不确定性。在科学哲学中，对于科学理论、普遍命题的某种程度的证实和支持叫做确证（弱证实）③，借用这个名词，对于感性知识的直接检验也都是"确证"，每一检验的确证度高低有不同。每一具体的直接检验所用的间接尺度相比说明对象尺度都有一个逼真度高低的问题，所以，对它也有一个优劣的评价问题。在对"这是一个苹果"的检验以及类似的情况中，使用的融贯的知觉尺度体系越大，并且经过多数人的普遍认可，检验的可靠性就越高，该检验就更优；反之，它的可靠性差，该检验就不优。尽管如此，对感性知识的直接检验因为使用的知觉尺度直接来于说明对象，中间环节少，相比后边将论述的间接检验可靠性更高。

---

① 林定夷.科学哲学—以问题为导向的科学方法论导论》[M].广州：中山大学出版社，2009（205—206）.

② ［英］A·F·查尔默斯.科学究竟是什么？[M].北京：商务印书馆，2007（35—36）.

③ 张巨青.科学逻辑[M].长春：吉林人民出版社，1984（15）.

对于待检知识、说明对象、实践这三个构成检验活动的主要因素各自在检验中的地位、相互关系，有必要作一些阐述。

明确待检知识的内容，才能确定检验的尺度和手段是什么，从而决定对知识的检验应该做什么，怎样做。知识对某一对象的说明限于哪一方面、达到什么程度、什么范围、什么精度，相应地说明对象尺度也就仅限于这一对象的哪一方面、哪一程度、范围。相应地实践就仅限于作用、变革对象的哪一方面，作用、变革到一个什么程度、范围、精度。知识内容变化了，相应地说明对象尺度及实践也可能随着发生变化。因此，在这三者的关系中，说明对象以及实践首先被知识的内容规定。由上论述可见，对于感性知识的检验，首先需要做的就是明确待检知识的内容，在脑中正确地、观念地确定说明对象尺度，这一步指引错误，实践检验再可靠也没有用。后边将谈到的理性知识的检验更是如此。

说明对象一旦指定，它就会按照自己的本来面貌反过来对知识内容的正确与否作出裁决。说明对象尺度在检验中可以说起核心的作用。检验每一知识的实践与说明对象是什么关系？实践既然是检验的手段、方法，总会有它要达到的目标。它要达到的目标是什么？在认识论范围内，在知识检验的意义上，实践手段的直接目的就是暴露、呈现、创造出这一知识的说明对象尺度。在这个意义上，可以说实践为说明对象服务，是说明对象的工具。我们说，实践是联系主观与客观的桥梁，是一种主动的作用，这种桥梁在检验中的具体表现即：通过一种主动的变革、作用，让作为尺度的说明对象在实践中产生出来；或者在实践中呈现、暴露主体面前；或者干脆在实践中把尺度"创造"出来。一个实践如果不能达到上述目的，它就没有资格叫"这一知识的检验实践"。实践应采用哪种形式，应作用谁，都由说明对象尺度决定。不同的知识的说明对象类型不同，实践的形式也会不一样。有的知识的说明对象是现成的客观对象，例如天体、天安门的颜色。检验它们的实践就表现为一种接触、接近的实践。有的知识的说明对象在现实中不可能现成地呈现出来。例如我们说，"在接近绝对零度的超低温下，某些材料会出现没有电阻等超导特性。"要检验这一知识，就需要通过实验把其说明对象"创造"出来。还有一种情况，例如我们说"走农村包围城市的道路，可以取得中国革命的成功。"这一知识的说明对象本身即人类实践活动客体。检验该知识就需要呈现出来人类活动的过程及其结果。

那么，这是否意味着实践在检验中的作用不重要？我们已经指出，实践是现实的检验活动展开的始动因素，是说明对象能够呈现、产生出来的第一原因。你说明对象再重要，假如没有我实践的这"第一推动力"，你连出生都做不到，更谈不上整个的检验了。我们可以想象，千千万万的人有许许多多不同的知识，即使同一人的不同的时候也会有不同的知识，怎么可能只要你冒出一个想检验某知识的念头，客观世界就会相应地跟着呈现、产生这一知识的说明对象在你面前呢？客观世界不以人的意志为转移。因此，现实的人类知识的检验要能实现，首先需要你主体的一种主动的作用。从这个意义上来看，实践的确是知识检验的基础、始动因素。不过，实践对知识的检验之所以必不可少，说到底，还是因为知识的说明对象不会随人所愿地呈现。假如，一个知识的说明对象会自动地呈现出来，也就不需要实践了。例如，对于我昨天是否做过某某梦这样的自我认知性的知识，要进行检验，就不必非要通过实践。由此看来，关于主体自身的非外界的知识的检验，实践不是必不可少；但知识的说明对象在任何检验中都不能没有。

二、以认知为目的作推论的检验
——间接以说明对象为尺度的实践检验形式之一

我们知道，大多数理性知识不可能进行直接检验。另外，虽然一些理性知识的说明对象可以被主体直接把握，但或许成本、代价较大，要考虑必要性、经济的问题。即使感性知识、事实陈述，大多数情况下也不适用于直接检验。所以，许多情况下对知识的检验，要么只能采用间接的检验方式，要么图方便、经济，主动选择这一方式。

间接实践检验有许多种。在此考察的间接检验属于以认知为目的，直接为了判定知识而进行的实践检验。这种实践中，有一种叫做"假说演绎法"的间接检验，即用待检知识为前提作出推论，对推论进行直接检验从而对待检知识间接进行实践检验。这种假说演绎法间接检验的典型形式是自然科学中知识的检验。当然对于社会科学知识的检验也适用。我们以对自然科学知识的假说演绎法间接检验为主，着重考察该检验中说明对象尺度的作用。如果采用目前一般的表述，此处的考察既涉及"检验真理的标准"，即实际检验中的对照物，也涉及"真理的标准"。

下边，对假说演绎法主要从两个方面作一些考察。

第一个方面，对该检验的最末一个环节——关于推论的直接检验进行一些考察。

这种间接检验有如下特点：待检验的是作为前提的假说，但不能直接把握它的说明对象，所以，就以这一假说及其他的条件为前提，作出关于事实的推论，即关于事实的陈述或者叫做单称的观察陈述、知觉命题，然后，进行相应的观察或者实验，将观察实验的客观结果（客观事实）反映至脑中（经验事实）与推论直接对照，进行直接的检验。

现在，我们提出两个问题：第一，与推论知觉命题相对照的观察实验结果有什么特性？或者说，它与知觉命题的内容有没有一种内在的联系？第二，为什么检验最终要归结为知觉命题与观察实验结果的直接对照？

提出说明对象概念，并把它作为检验的尺度，对这些问题似乎可以给出满意的解释。通过有关实例的考察不难发现，与推论知觉命题相对照的观察实验结果有一个共同的特征：它们都是知觉命题的说明对象。例如，根据哥白尼的"地球绕太阳运动"的假说以及其他辅助性假定，可以作出一个单称的推论："在一年的不同季节，从地球在太阳系的不同位置观看恒星，应该看到恒星视位置的周期性的变化"。后来的天文学家使用更精密的仪器观测到的实际的恒星视差现象，即这一推论的说明对象。这里，推论的说明对象能直接把握，对该推论的检验就属于直接检验。再如，抽水泵可以借助能在泵筒中提升的活塞从井里抽水，但抽水的高度不会超过 10.36 米。为解释这一现象，托里拆利提出了一个假说：地球被大气层包围，空气重量向下对水面施加压力即大气压力，作用在水面上的大气压力迫使水沿着泵筒上升，泵筒中水柱上升的高度为 10.36 米，反映的是井下水面上大气压力的最大值。对该假说无法进行直接的检验，托里拆利转而进行间接检验。他做出了一个可以直接检验的推论：如果该假说正确，那么大气压力也能够支持相应地比较短的水银柱，既然水银的比重是水的 14 倍，水银柱的高度应该是约 0.74 米。托里拆利用一个巧妙而简单的器械检查了这一检验蕴涵，实际上这一器械就是水银气压计。[①] 在这个例子中，推论的说明对象并非现成地存在着，托里拆利通过对外界的变革实践活动，借助水银气压计，把它"创造"出来，呈现在我们的面前。对该推论（严格来说是对属于该推论的一个单称陈述）的这一检验，就可以看做是直接检验。据此，我们可以作出一种解释：在这些例子中，对假说的检验所以最终要归结为对知觉命题的检验，是因为这些知觉命题的检验可以实现直接检验，我们追求的是最后要实现用知觉命题推论的说明对象的观念形态直接作尺度去判定推论。对最后的一个推论进行的检验，必须是一个直接用推论的说明对象的观念形态作为尺度的直接检验。虽然是一个知觉命题，如果它的说明对象不能直接把握，我们就不能把对它的检验作为假说检验的最后一个环节。例如，"昨天下过雨"属于事实陈述、知觉命题。但它的说明对

① ［美］卡尔·G·亨普耳. 自然科学的哲学［M］. 北京：生活·读书·新知三联书店，1987（15—16）.

象已经成为过去，今天不能直接把握。要检验该事实陈述，就要再做出一个主体可以把握的经验陈述性推论：如果昨天下雨，则今天地湿。该推论的说明对象今天可以直接感知。所以，对该推论的直接检验，就可以作为"昨天下过雨"检验的最后一个环节。

假说演绎法检验中包含着对于推论的直接检验，所以前边关于直接检验的论述，关于实践、说明对象与待检知识关系的论述，对于间接检验也适用。推论直接检验中使用的说明对象尺度主要是作为客体的实践过程及其结果，例如在水银气压计中呈现出来的水银柱高度的事实；也包括固定、现成的客观现象，例如恒星存在视差的现象。由前边的论述可知，推论的说明对象是命题检验的根本尺度，这仅仅对于推论命题而言。对于待检验的假说命题来说，推论的说明对象作为尺度与它的关系就更具有间接性。对于假说命题，推论的说明对象作为尺度可以叫做"派生尺度"。

第二个方面，探讨一下假说命题的说明对象在检验中的作用。

在假说演绎法检验中，假说命题的说明对象作为"应该的尺度"在对推论命题的检验中是否起作用？在整个假说演绎法检验中它如果没有任何尺度的作用，本书关于说明对象是检验尺度的基本观点就不适用于这种间接检验。我们考察几个实例。

在上述托里拆利进行的大气压力的间接检验中，假说的说明对象——关于大气压力作用于水，使泵筒中水柱上升的高度为 10.36 米的事实虽然没有直接作为尺度检验假说，但通过水银气压计呈现出来的水银柱高度的事实之所以能作为尺度直接判定推论从而间接作为尺度检验假说，这是由于它与假说的说明对象有关联，它在判定大气压力是否存在、有多大的时候，可以替代假说的说明对象。水银柱高度的事实是根据泵筒中的水柱高度的事实规定的。我们在观念中根据水柱高度是 10.36 米的事实，再依据水与水银客观存在的比重关系，从而认定水银柱高度是否为 0.74 米可以作为判定假说的派生尺度。可见，假说的说明对象在推论检验中仍然间接起着尺度的作用。要检验"昨天下过雨",我们只能通过对这一知识做出的推论——"今天地湿"进行间接检验。"地湿"的事实所以叫做判定"昨天下过雨"的派生尺度,是因为根据过去的经验或有关的知识,我们明白,"地湿"与"昨天下雨"这一说明对象之间有着一种必然的联系,一般情况下,下雨是地湿的唯一原因。所以,"地湿"成为派生尺度是因为它与"昨天下雨"有客观存在的必然联系,它是由"昨天下雨"这一根本尺度指定的。可见,用"地湿"作判定时,"昨天下雨"的事实仍然在间接地起着尺度作用。诸如此类的例子是许许多多的。因此,普遍命题的说明对象作为根本尺度在对知觉命题推论的直接检验中,仍然间接地起着尺度的作用。直接使用的派生尺度所以能起尺度作用,离不开根本尺度的规定。

　　假说的说明对象间接起尺度作用,并非说它的物理的、物质的形态在现实中间接地起着尺度作用。实际的过程似乎这样:主体脑中产生了假说后,通过思维明确该假说命题的观念形态的说明对象(或者该对象所处的时空范围、必须达到的条件)。随后,主体在脑中再根据他所掌握的相关知识,围绕该说明对象寻找与它有必然联系的事物、现象,从而确立观念的派生尺度。最后,主体根据上述思维的结果,进入现实的实践领域,实际使用指定的派生尺度检验推论。脑中的观念的说明对象作为尺度决定着、规定着派生尺度的选择;指导着实际的推论检验的设计、如何实施。假说的说明对象间接起尺度作用,主要是一个在主体脑中发生的观念的过程,主要通过思维、推理实现。一些物理学定律的说明对象是实际中根本不存在的理想状态,例如牛顿万有引力定律断定的是两个质点之间相互吸引的规律,质点的规律任何时候也不会以物理形态的尺度出现,但它的观念形态仍然会规定着诸如万有引力定律的验证。由上可见,派生检验由根本、派生尺度共同完成,缺一不可。讨论检验尺度仅仅看到其中的某一个是片面的。采用目前的表述,即派生检验由直接起尺度作用的知觉形态的"检验真理的标准"与间接起尺度作用的观念形态的"真理的标准"共同完成。

以上讨论的是假说演绎法这种间接实践检验中说明对象尺度的作用。实际上，对于其他种类的以认知为目的的间接实践检验，以上的结论也都适用。例如，惯性定律的说明对象是一种理想的运动状态，对该定律只能采取间接检验。我们可以将一块平的干冰（固态二氧化碳）放在像玻璃那样的光滑平面上，推动这块干冰，此时的运动几乎就是在无摩擦力的情况下的运动。对该运动的速率进行测量，就可以对惯性定律作间接的验证。此时，我们以脑中的观念的理想运动状态为尺度，指导、规定该间接检验，使干冰在玻璃上的滑动接近于理想的运动状态，该检验才能判定牛顿惯性定律。

不论假说演绎法还是其他的间接检验，待检命题的说明对象在推论检验中的作用，从根本上来说，就是规定、约束推论的说明对象，使它尽可能地接近、趋向自己，尽可能地等价于自己。大气压力的间接检验是这样，惯性定律的间接检验也是这样。对于普遍命题而言，它的说明对象在间接检验中不仅规定着推论的说明对象尺度的选择，而且还规定、制约着所有对普遍命题的具体检验的数量、种类。假说的确证不仅依赖于可得到的有利证据的量，而且依赖于它的种类。① 从本书的角度来看，之所以如此，就是因为普遍命题的说明对象的规定作用。证据的数量、种类越多，越接近普遍命题的全部说明对象总和。

三、应用知识指导实践的检验
——间接以说明对象为尺度的实践检验形式之二

此处要讨论的间接实践检验的特点即：检验实践的直接目的不是为了判

---

① ［美］卡尔·G·亨普耳. 自然科学的哲学［M］. 北京：生活·读书·新知三联书店，1987（62）.

定知识，而是为了其他的非认知的功利目的。或者说，它是应用待检知识的人类活动；同时，它又对应用的知识进行检验。本书把这种检验叫"应用知识的实践检验"，而不叫"指导实践的检验"。因为以认知为目的的间接检验也可以叫"待检知识指导实践的检验"。这类检验的典型形式就是我们常说的在满足物质需要的生产实践中对应用的知识进行的检验。按目前的表述，此处讨论的主要是"检验真理的标准"，但也涉及"真理的标准"。

这是一种在实际中大量存在的间接检验方式。我们看一下目前哲学界对该检验的流行的解释。知识应用于实践时，首先要转化为目的，转化为实践观念。一般来说，在实践观念的直接指导下，如果实践取得了预期的结果，目的实现，就证明知识是正确的；反之，就证明知识是错误的。按照这种解释，直接得到检验的是实践的目的，人们用实践的目的与实践的结果相对照，从而判定知识与外界是否一致。按此解释，本书关于知识检验的基本观点就不适用于实际中大量存在的该检验方式，知识的说明对象尺度似乎在该检验中不起主导作用。因此，本书就不能对知识的检验给出一个统一的、全面的解释。国内哲学界的上述流行解释是否恰当，本节第五部分还要详细评论。要彻底地论证本书关于知识检验的基本观点，必须用本书关于知识检验的观点对应用知识的实践检验方式作出圆满的解释。

下边，通过一个实例的分析，对这种检验方式给出本书的一种阐释。

某战役中，我方的目的是攻下 Y 阵地。侦察员的情报显示："通往 Y 阵地的 A 处敌方的火力强，B 处的火力弱。"据此，指挥员制订了从 B 处进攻 Y 阵地的方案。最后，实施这一方案，取得了攻克 Y 阵地的结果。此例中，我们是否用"要攻下 Y 阵地"这一目的与最后的进攻结果相比较，从而判定情报呢？

对这一例子有一个考察的角度、侧重点的选择。单纯从军事上、战役要达到的目的角度，可以对进攻实践是否成功、是否达到目的进行评价；也可以对目的是否具有现实性作评价。此时，考察的对象分别为"实践"

或"目的"。不过，这些评价与知识的检验并没有直接的关系。从知识检验的角度来看，我们考察的对象为"知识"，所以，就应该从待检知识——侦察员的情报出发开始考察。这时检验的步骤为：首先，确定下来待检知识——"A 处火力强，B 处活力弱"。第二步，目前学术界一般认为，这第二步即根据情报确定进攻的行动方案。但仔细考察可以看到，进攻的行动方案直接依据的并不是这一情报，而是根据该情报和我方的军事需要得到的这样一个认知性判断："从 B 处突破，可以攻下 Y 阵地。"它是从情报到行动方案的一个必不可少的中间环节，是一个与"行动方案"这种意识不属于同一类的认知性的意识。第三步，根据该认知性判断制订从 B 处如何突破的行动方案，并实施这一方案，最后出现了攻下 Y 阵地的结果。对第三步，目前学术界似乎只注意到"攻下 Y 阵地"这一实践成功的结果，只看到了它与实践目的对照。然而，如果把"从 B 处突破"的军事**活动**与"攻下了 Y 阵地"的活动**结果**合在一起，看作一个客观事实整体，则相对于"从 B 处突破可以攻下 Y 阵地"这一知识，通过进攻实践呈现出来的客观过程以及结果即：从 B 处突破并进攻 Y 阵地，最后产生了预想的结果，而不只是一个攻下 Y 阵地的预期结果。在第一章已经指出，客观的实践活动过程本身也可以成为客体。不难发现，这一包括实践过程及结果的客观事实整体，也就是"从 B 处突破可以攻下 Y 阵地"这一知识的说明对象。所以，从检验侦察员的情报角度出发，考察该军事进攻活动，主要的步骤、需要划分出来的环节如下：第一步，确定待检知识——"B 处火力弱"；第二步，据此得出"从 B 处突破可以攻下 Y 阵地"这一知识；第三步，根据第二步的知识制订进攻方案，实施该方案，产生、呈现出来第二步的知识的说明对象，即实际从 B 处突破并攻下 Y 阵地的实践过程及结果；第四步，实施直接检验，实际考察一下该说明对象，与它的知识直接对照；第五步，根据直接检验的结果，转而进行间接检验，间接地判定"B 处火力弱"的检验。这就是本书对一个应用知识的实践检验的大体解释。

对该解释还需要再作三点详细的说明。首先，"从 B 处突破，可以攻下 Y 阵地"是一个认知性意识，它不同于相应的目的、计划意识。这种意识包含的内容为："有某种作用，会产生某种结果。"此复合句的前半部分"从 B 处突破"，可以看作是行动的方案、实践的计划的主要内容。后半部分"攻下 Y 阵地"，可以看作是行动要达到的目的。这两部分的组合，断定的却是一种客观的相互作用及其结果的事实。其次，还要指出，"从 B 处突破，可以攻下 Y 阵地"这个知识断定的对象是客观的人类活动及其结果，该对象当然在现实中不可能现成地存在，所以，就需要主体的一种主动地变革外界的实践，把它呈现、产生出来。这里，检验的实践，即呈现人类活动及其结果客体的实践与直接待检知识的说明对象——作为客体的实践活动及其结果，在实际中紧密地联系在一起，但理论上，我们还是可以把它们区分开。再次，实际中，从 B 处突破并攻下 Y 阵地的这一系列的事实，当然是一个可以直接感知到的事实。所以，用该事实作为尺度判定"从 B 处突破，可以攻下 Y 阵地"知识，也属于前述的直接检验，是一个直接用知识的说明对象的观念形态作尺度判定知识的过程。

由"B 处火力弱"到"从 B 处突破可以攻下 Y 阵地"，直到进攻的结果出现进行对照，在这一检验的全过程中，似乎存在着如下的逻辑推理过程。其推理的形式为："如果 B 处火力弱，那么，从 B 处突破可以攻下 Y 阵地。从 B 处突破攻下了 Y 阵地。所以，B 处火力弱。"该推理形式与前边讨论的从普遍命题作推论的假说演绎法在逻辑形式上一样，也是一种具有不确定性的肯定后件推理。该推理中，"B 处火力弱"与"从 B 处突破可以攻下 Y 阵地"是蕴涵关系，前件蕴涵后件。根据该蕴涵关系，我们把待检的知识由前件替换为后件，后件是前件的推论。"B 处火力弱"不能直接判定。但如果存在"B 处火力弱"这一事实，一般来说，必然会出现"从 B 处突破攻下 Y 阵地"这一事实。而后一事实可以实现直接检验。所以，我们转而改为对推论进行检验。对后件的直接检验就是对前件的间接检验。由上所述得到结论：目前流行的解释，即通过"想攻下 Y 阵地"的目的与实际攻下 Y 阵地的事实的对照从而判定"B 处火力弱"的情报，该解释不能说是错误的，但至少对于该情报的判定我们可以圆满地提出一种不同于此的新的解释。

我们再来考察两个实际例子，进一步论证上述阐释。工程中，通过勘察得知，A 处的地基承载力可达每平方米 X 吨。据此，我们提出可以在 A 处建 Y 米高大厦的设想。最后，根据该地基承载力数据设计的大厦，成功地由蓝图变为现实。大厦的建成也是对勘察结论的检验。其逻辑推理过程即：如果 A 处地基承载力能达到每平方米 X 吨，那么可以由此做出推论：在 A 处建 Y 米高的大厦，不会因为承载力不够而出现问题。实际建造该大厦的过程及结果，大致可以看作这一推论的说明对象的产生过程：我们实际建成了这一大厦，的确没有因为承载力不够而出现大厦沉降、墙壁裂缝等问题。这一事实作为推论的说明对象，就可以与推论直接对照从而实现直接检验，进而间接检验关于地基承载力的数据。有人说："B 化学物质有扩张、疏通血管的作用。"果真这样，据此就可以作推论："用这化学物质制成药物，能够治疗冠心病，使病人的供血不足症状消失或减轻。"该推论所断定的对象当然是一个只能通过人的实践才能产生出来的客观事实：实际据此制成药物，并用于治疗冠心病，病人的供血不足症状是否改善的情况。该事实大致可以理解为推论的说明对象。将推论与这一说明对象尺度直接对照，直接判定了推论的正确与否，间接判定了 B 化学物质是否有扩张血管作用。

通过上述实例可见，如果人们为了某种非认知的实用目的而进行的实践活动，可以看作对指导该活动的某一知识的检验，那么，在这样的检验中可以提炼出如下一般性的逻辑推理过程：根据指导实践的待检知识及其他相关知识，我们做出它所蕴含的推论——"按照某种方式做，会出现某种预期的结果"；接下来，我们进入实践领域，实际实施该方式，产生出实践的结果；最后，我们观察实际做的过程及结果的事实，拿它与推论比较、对照，得出推论是否正确的结论，从而也就得出推论前提是否正确的结论。这个推论都是经验性的命题，能直接观察。对推论的检验大致是一个直接用它的说明对象的观念形态作为尺度的直接检验。实践过程及结果作为尺度，对于指导实践的前提知识来说，就属于检验的"派生尺度"。有学者指出，"实践对于事实判断真理性的检验往往需要把事实判断转化为价值判断，通过实践对价值判断真理性的直接检验，从而间接实现对事实判断真理性的检验。"[①] 该观点与本书的观点似乎有一致性。

　　上边，我们把应用知识的实践检验解释为对推论进行直接检验的过程。那么，在对推论的直接检验中，作为前提的待检知识的说明对象是否仍然起着检验尺度的作用呢？

　　我们来看，为什么可以把"从 B 处突破是否攻下 Y 阵地"的事实作为检验"B 处火力弱"这一知识的派生尺度。因为根据相关知识或者过去的经验知道，从 B 处突破是否攻下 Y 阵地的事实与 B 处火力强弱的真实情况这一根本尺度总有关联。是否攻下 Y 阵地在一定程度上意味着、体现着 B 处火力的强弱，或者说，它可以作为 B 处火力强弱的一个表征。这里也存在着尺度或者说检验的一种"转换""替代"。派生尺度能否起到检验作用？替代是否能成立？我们在脑中以观念形态的根本尺度为评判的准则。我们以能否体现 B 处火力情况作为选择、认定派生尺度的依据。从 B 处突破攻下 Y 阵地的事实所以被认定为派生尺度，仅仅因为它能作为 B 处火力强弱的表征。当然，与假说演绎法的情况一样，这时，B 处火力的真实情况不可能实际起到尺度作用。此处的推理过程似乎为：我们假设"B 处火力弱"是正确的，也就是假设，该情报的说明对象为 B 处火力弱的事实；然后，根据过去的经验或者相关的一般规律，认定，如果出现 B 处火力弱

---

① 陈新汉. 马克思主义认识论与真善美［J］. 上海：华东师范大学出版社，1993（191）.

这一说明对象事实，必然会有从 B 处突破攻下 Y 阵地的事实，从而后者可以作为前者的表征；最后，根据这个转换规则，转而用是否从 B 处突破能攻下 Y 阵地的事实对"从 B 处突破能攻下 Y 阵地"推论进行直接检验，间接检验"B 处火力弱"的情报。由此，可以得到一般的结论：应用知识的实践检验中，知识的说明对象作为检验该知识的根本尺度，在对该知识的推论检验中仍然间接地起着尺度作用，它仍然决定、制约着直接使用的派生尺度。

综上所述，应用某知识指导人们的功利实践，并通过该实践检验这一知识，这种检验的最终环节仍归结为对该知识的推论的直接检验，大致地，是一个把知觉命题推论与其说明对象对照的过程。并且，待检知识的说明对象作为根本尺度，在直接的推论检验中，仍然间接起着尺度的作用。根本尺度与派生尺度共同完成该检验。即观念形态的"真理的标准"与对于客体的感性认知观念形态的"检验真理的标准"缺一不可，共同完成检验。这些，与前述的假说演绎法间接检验一样。这样，我们就对知识检验的主要形式给出了一个统一的解释。

上边，我们主要论述了该间接检验方式与以认知为目的的间接检验方式的一致性。那么，它们有什么不同？我们说，它们的不同根源在于实践的目的不一样。下边我们要讨论，由于实践目的的不同，导致它们在蕴含推理以及实际的推论检验两个环节上的差别。

人类要实践，首先要确立实践目的，制订实践方案。但在这之前，在逻辑上，一般地总要以如下知识作为直接的前提、依据：按照该方案做，能达到实践目的。或许，实际中人们并非都能自觉地意识到这个前提知识的存在。但在逻辑上，它是我们之所以实施该方案去达到目的的理所当然的基础、前提。这一知识对我们此处讨论的检验具有特别重要的意义，并且在所有的这种检验中都存在。所以，有必要给它一个名称，可以称之为"指导实践的直接知识"。如果一个实践应用了某一知识，并且，该实践可以看作是对这一知识的检验，则就要合乎逻辑地承认：实践应用的知识蕴含"指导实践的直接知识"。例如"B 处火力弱"蕴含"从 B 处突破可以攻下 Y 阵地"。现实中的具体主体可能并没有自觉地进行这一蕴含推理，但从逻辑上来看，它必然存在。

　　然而，仅仅指出这个推理存在远远不够。关键在于，我们凭什么认为它们之间存在着蕴含关系？实际中，它们之间是否真的存在着蕴含关系？在此，有必要把它与自然科学中的假说演绎法检验作一个比较。在假说演绎法中，从普遍命题推出知觉命题，目的就是为了检验普遍命题。为此目的，我们选择可替代普遍命题的知觉命题。该检验的原则即：知觉命题的说明对象这一派生尺度要尽可能接近普遍命题的说明对象这一根本尺度；派生尺度的情况要尽可能较多地由普遍命题的说明对象决定。显然，我们也应该尽量排除感情、意志等主体因素及其他客体因素对派生尺度对象状况的影响。但在应用知识的功利实践检验中，推论的说明对象作为检验的派生尺度，似乎在许多情况下并非主要由待检知识的说明对象这一客观因素决定。"指导实践的直接知识"作为推论，它所说明的对象不是一个纯客观的自然客体，而是主体的一种活动及其结果。关键在于，这个活动及其结果一方面取决于由待检知识断定的客观存在的事物的规律性，另一方面，很大程度上还取决于意志、能力、手段等主体方面因素的影响。并且，主体的影响是不能排除的。派生尺度作为主体的活动及其结果，是主体因素加客体因素这两个自变量的二元函数。而且，在决定它的客体因素中，也并非仅限于待检知识断定的事物的规律性。问题的复杂性还在于，有主体因素的影响，并且这种影响较大都不要紧。如果我们能尽力消除这种影响，或者把该影响设定为一个常数，仍然可以凸现出根本尺度与派生尺度的关联。然而，遗憾的是，这种实践的目的主要不是为了检验知识，而是其他的功利目的，检验知识为辅。指导这种实践的原则，就是要使主体的意志、能力得到最大的发挥，从而实现功利目的；我们不能、也不想剔除主体因素对于派生尺度对象状况、即实践过程以及结果的影响。这个原则与假说演绎法检验的原则正好相反。例如，从 B 处突破能否攻下 Y 阵地，固然与 B 处火力的强弱有关，所以，进攻的结果可以间接检验 B 处火力的强弱；但它也与我方的火力强弱，我方的指战员是否勇敢顽强等有关。假如我方的火力非常强，指战员又异常机智勇敢，以至于 B 处火力强弱的情况可以忽略不计，则从 B 处能否攻下 Y 阵地的事实就不具有检验 B 处火力的意义。通过比较可见，这种检验的一个特点即，实际中，待检知识并非都严格地蕴含"指导实践的直接知识"；并且，这种情况还不可避免、也不想消除。由于从待检知识推出"指导实践的直接知识"在实际中不具有必然性，并且人们也不想追求必然性，所以，这种间接检验的效果一般来说，比不上以认知为目的的推论间接检验。

由上进一步可以认为，从理论上说，"B 处火力弱"蕴含的应该是**完全**地由 B 处的火力情况决定的"从 B 处突破可以攻下 Y 阵地"推论。所以，仅从判定"B 处火力弱"的角度来看，这一**应该**的推论所断定的是一个完全由 B 处火力强弱情况决定的从 B 处能否攻占 Y 阵地的事实。只有该事实才应该是该推论的说明对象。但实际上，从 B 处突破攻下 Y 阵地的事实不仅与 B 处的火力有关，还与我方的火力、我方人员的意志、能力、手段等主体因素有关，与客观环境中可能的突发事件等有关。并且，后边的因素的影响可能还大于 B 处火力因素。所以，现实中诸多因素导致的从 B 处突破攻下 Y 阵地的事实严格来说不完全等价于应该的推论的说明对象。因此，与本节第一部分论述的纯粹形态的直接检验相比，此处的推论检验不能看作一个完全的直接检验，而只能认为是一种近似、大体的直接检验。从这方面看，该间接检验与以认知为目的的间接检验也有区别。通过对推论的直接检验判定应用的知识是一种间接检验，而其中的推论检验本身又是近似、有失真的直接检验，所以，该种间接检验的检验效果比不上以认知为目的的间接检验。

　　这种检验的效果有如上的缺陷，因此，需要评估它的可靠程度，讨论这种检验应该怎样进行才更有效果的原则。首先，待应用的知识断定的对象实际中必须与推论的说明对象这一实践过程及其结果有关联。如果没有任何关联，我们却错误地认为实践是依据这个知识进行的，则实践过程及其结果对该知识实际上也就没有任何检验意义。其次，对应用的知识的说明对象与相应的实践过程及其结果实际上的确有关联的情形，就存在一个评估关联程度大小的问题。要评估决定实践过程及其结果的诸种因素中，待检知识的说明对象这一因素的作用所占比重的大小，从而就可以评估这个实践对于待检知识的检验效果。例如，需要评估影响"从 B 处突破攻下了 Y 阵地"这一事实的许多主客观因素中，B 处的火力强弱影响有多大。派生尺度与根本尺度的关联程度越大，用派生尺度进行的这一间接检验对待检知识越具有检验的意义，这一实践活动对于知识的检验来说，越是一个更优的实践检验。所以，如果仅仅考虑更好地进行知识的检验，我们可以提出一个应然的原则：由待检知识推出的"指导实践的直接知识"的说明对象即实践的过程及其结果，应该尽可能多地由待检知识的说明对象这一客观因素决定、制约，尽量少受主体的能力、工具等其他因素制约、决定。当然，这个原则在实际中很难贯彻。因为那些其他因素在实际的实践活动中我们无法消除，也不想消除。所以，要考察从事该实践对应用的知识的检验效果，只能在观念中、在理论上剔除主体方面因素的影响，以及不属于待检知识说明对象的其他客观因素的影响，仅仅把待检知识的说明对象这一客观因素在观念中剥离出来，并对该因素影响实践过程及其结果的大小作理论上的分析。看来，暂且不讨论这种检验的客观实际效果如何，单从我们对这种检验的效果大小的主观把握来看，要想准确地搞清这种检验的效果，一般地，其难度比假说演绎法要大一些。关于这种检验的可靠程度大小的评估，也往往不那么准确。

四、方针、政策直接依据的知识的检验
——直接实践检验的一种近似形式

自 1978 年真理标准大讨论以来，"实践是检验认识真理性的标准"这一命题已经深入人心。从社会作用、现实影响来看，似乎该命题一个很重要的内容即指：实践是检验方针、政策等实践观念真理性的标准。其中的"标准"如果指"途径、手段"，则该命题与本书并无矛盾。如果"标准"指的是符合论意义上的判定"尺度"，则与本书前述观点有关联，存在着不一致。不过，我们已指出，本书所讨论的知识检验仅限于认知意识，不包括实践观念。然而，因此不讨论方针、政策的检验是一种回避。我们将看到，方针、政策的检验与知识的检验密切相关。要把本书的前述观点贯彻到底，需要对方针、政策的检验进行阐述，并揭示它与知识检验的不同。

什么是方针、政策？"方针"一般指引导事业前进的方向、目标。"政策"一般指国家或政党为实现一定历史时期的任务而制定的行动目标和准则，包括法令、措施、行政命令、办法、指示等。方针与政策的内涵并无本质的区别，方针可以理解为基本政策。所以，下边我们对方针与政策不加区分，统称为政策或决策。例如关于农村实行家庭联产承包责任制的政策，关于应该走农村包围城市武装夺取政权道路的决策。政策是否属于认知意识？目前不少学者把它纳入实践理性、实践观念范畴，认为它不同于认知意识、理论理性。本书也持同样的观点。

国内许多学者认为，实践观念可以分为关于"做什么""应如何"的观念和"怎么做"的观念，即关于实践的目的、目标的观念和关于达到目的、目标的途径、手段的观念。政策似乎也可以分为相应的两类。为表述方便，以下分别称之为目的观念和手段观念。大多数政策属于目的观念还是手段观念具有相对性。对于它要达到的高一层次的目的来说，它是手段观念；

但对于低一层次的更具体的行动方案而言，它又成为目的了。但相对一个特定的目的（或者手段），某一政策为目的还是手段观念，则具有确定性。本书在此讨论的政策检验仅限于具有手段意义的方针、政策、方案、决策等。纯粹的目的观念严格来说不存在对它的好坏的评价，更不存在是否符合客观的问题。实际中我们一般所说的对目的观念的评价，都是、都只能是把它作为手段观念，用更高层次的目的对它的评价。

从表述形式上来看，对于目的观念，有学者表述为"应如何""要什么"；手段观念，则表述为"怎么做""要怎样"。本书的讨论仅限于手段观念范围的政策，本书把它表述为"应该怎样"，从而区别于"是什么"的认知意识。

要讨论政策的检验，还需要明确"政策检验"的涵义。对此至少有两种理解：一种是从目的出发对政策的好坏优劣评价。这种评价似乎还可分为两大类：第一类，任何政策都是服务于某一个（或某一些）特定目的的手段，从是否有利于该目的出发，可以对该政策作出好坏优劣的评价。第二类，从该目的以外的其他目的、价值目标出发，对该政策也可以作出好坏的评价。"政策检验"的另一种涵义：对政策与客观对象是否符合的判定。此处的涵义显然指后一种。政策不属于认知意识，它存在着与客观对象是否符合的问题吗？学术界有不同的看法。似乎多数学者认为政策有是否符合客观的问题，政策的检验即判定它与客观的符合。但也有学者认为，方案、计划、制度安排等改造性理论不存在真伪问题，并不追求与对象的原样相符；但它有好坏优劣之分，判定的标准是价值目标。[①] 本书赞成后一种意见。本书认为，单纯从意识论角度，从它作为一种意识的功能角度来看，政策等观念本质上是一种命令、指令，是群体内部之间关于如何做的

---

① 韩东屏. 只有真理标准还不够——价值目标是判断实践优劣的唯一标准［J］. 湖北社会科学，1999（4）.

一种表达、流露。它不属于认知意识，它的功能并非直接提供外界的情况。所以，它不存在与客观是否符合的问题。

对以上观点可以提出质疑。实施"应该走农村包围城市武装夺取政权的道路"的决策，我们取得了中国革命的胜利。这一事实证明：实施该决策能取得中国革命的胜利。难道这不是证明了该决策与客观符合吗？一个命令，总存在着执行它在客观上是否能达到目标的问题。难道这没有一个是否符合客观的问题吗？

仔细地分辨可以看到，走农村包围城市的道路从而夺取了中国革命的胜利这一事实证明的是如下命题："如果走农村包围城市的道路，能够取得中国革命的胜利"，而不是"应该走农村包围城市的道路"命题。前一命题属于认知命题，它断定的是如下的客观事实：如果那样做，会得到某种结果。它说明的对象为人类实践活动及其结果的事实。类似于：某某人把这个石头扔下去，会把这玻璃打碎。因此，前一命题必然存在着与客观的符合问题。而后一命题的内容只是组织内部之间传递的如何行动的指令，本身不可能存在着是否正确的问题。目前国内学术界似乎没有严格区分这两个命题，所以把对前一命题的符合检验误认为是对后一命题的符合检验。我们确立"应该走农村包围城市的道路"这一决策观念，直接依据的即"走农村包围城市的道路，可以取得中国革命的胜利"这一认知命题。任何一个"应该怎样"的政策命题，在逻辑上都建立在"如果这样做，可以达到某预期的结果"认知命题的基础上。（为表述简便，以下把该认知命题简称为"政策直接依据的知识"）也就是说，从意识产生方面看，任何政策都建立在政策直接依据的知识基础上形成。如果从意识的检验方面看，对政策好坏的评价建立在对其直接依据的知识的真假检验的基础上。政策直接依据的知识经过实践及其结果的判定证明为正确，相应的政策就可以作出好的评价。实施农村包围城市，最后出现了中国革命胜利的事实，该事实证明"走农村包围城市的道路，能够取得中国革命的胜利"命题符合客观实际。据此，从达到中国革命胜利这一目的出发，对"应该走农村包围城市的道路"决策，就可以作出好的评价。政策及其直接依据的知识在实际的意识中紧密地联系在一起，但仔细地分辨可以把它们区分开，不能混淆。政策直接依据的知识有不同的形式：一种是，"如果这样做，可以达到某预期的结果"；另一种是，"只有这样做，才能达到某预期结果"；还可以是，"这样做比那样做更有利于（最有利于）达到某预期结果"。本书为简化讨论，仅限于第一种。

据上所述，目前一般所说的政策真假的检验，本书就转为对其直接依据的知识真假的检验。接下来我们讨论该认知检验。

"走农村包围城市的道路，可以取得中国革命的胜利。"该命题的说明对象，它所断定的客观事实是什么？不难看到，即采取农村包围城市的武装斗争是否取得中国革命胜利的有关事实。我们实施农村包围城市的决策的过程，即不断地呈现、"创造"出来该决策直接依据的知识的说明对象的过程。实际中，真实的说明对象情况为：走农村包围城市的道路，中国革命取得了胜利。因此，待检知识被证明为正确。该说明对象是一个实践过程及其结果的事实。该检验是采用待检知识的说明对象的观念形态为尺度对知识的直接判定。检验中的对照物、尺度并非固定、静止的，而是一个过程及其结果。因此，该检验是一种特殊形式的直接检验。本节上一部分曾经提到，在生产实践中对应用的知识的检验，直接表现为对其中的所谓"指导实践的直接知识"的检验。该知识与此处的"政策直接依据的知识"是同一种知识，都属于对实践过程及其结果的断定。对它们的检验大体属于一种相同的检验，都是用实践过程及其结果作为尺度的直接检验。

前边我们指出，多数理性知识无法进行直接检验，只能通过实践进行间接检验；感性知识往往可以实现直接检验。政策直接依据的知识无疑属于理性知识，难道对它的检验如此特殊，都如上所述，可以实现直接检验？下边，我们结合另一个例子作一点考察。考察的关键即看一下执行政策的实践过程及其结果作为直接的检验尺度是否待检知识的说明对象。

20 世纪 70 年代末 80 年代初，我国开始在农村实施家庭联产承包责任制的政策。实施的前几年，即 80 年代中期以前的几年，我国农业总产值平均每年增长 7.9%，大大高于前几十年。中期以后，农业生产又出现徘徊局面。中央在联产承包责任制的基础上又出台了一系列新的农村改革政策。80 年代末以后，我国农业又开始出现新的增长势头。[①] 对该政策真假的检验，即对"实施家庭联产承包责任制有利于增加农业生产"这一知识（以下简称"待检知识"）的检验。政策实施后农业生产增长情况的事实，即判定该知识的尺度。现在要考察的是，该事实作为检验尺度是否待检知识的说明对象？从而检验是否直接检验？

本节已指出，讨论知识的检验，首先须明确待检知识的内容。如果不考虑任何限定条件，该待检知识的内容从逻辑上来说包括中国所有地域的农村、很长的历史时期、所有农民。显然，只有按此内容的规定，在很长的时期所有农村都实施联产承包责任制，才可能完全呈现出待检知识的说明对象，实现直接检验。这难以做到，讨论该检验也较复杂。为简化讨论，我们对待检知识的内容作以下限定，修改为：在中国的大多数农村，在近几年内，实施家庭联产承包责任制，有利于增加农业生产。限定以后，80 年代中期前几年农业增产的事实大体可以看作待检知识的说明对象，该检验似乎为直接检验，政策实施的过程及结果证明了待检知识正确。

然而，还不能过早下结论。仔细考察可见，待检知识的内容可以提炼概括为："**如果**实施责任制，会出现增产"，所以，要实现知识的直接检验，首先须真正地做到"实施责任制"，呈现出待检知识说明对象重要组成部分的"实施了责任制"的事实。我们知道，政策要顺利实施，有赖

---

① 中共中央文献研究室综合研究组《党的文献》编辑组. 三中全会以来的重大决策［M］北京：中央文献出版社，1994（107—118）.

于主体的能力、积极性，还离不开对政策的宣传、准确理解。"实施了政策"，理论上似乎暗含着："主体有实施能力、对政策理解准确、积极地实施政策"。但实际中这显然很难做到。受"左"倾思想影响，在一些地区，责任制的实施还遇到阻力。另外，政策是一个体系，它要求体系内上下衔接，左右协调。出台一个政策，还需要有其他的配套政策相配合。所以，"实施 A 政策"，其涵义实际上为一个联立的表达式："实施 A 并且实施 B 并且实施 C……"。实际中，即使 A 政策得到完全的实施，其他低一级的政策和配套政策也难做到都积极地、完全地实施了。从此处所谈的两个方面就可以看到，作为待检知识的说明对象重要组成部分的"实施了责任制"实际中难以完全呈现，即**应该的**检验尺度难以完整呈现。所以，与本节第一部分讨论的感性知识直接检验相比，该检验是一个不完全的、不完整的直接检验。

　　即使实际中完全做到"实施了责任制"，农业增产的事实是否就可以认为是待检知识的说明对象？待检知识的内容似乎暗含着如下前提：理论上，实施政策时的影响农业生产的政治、经济、技术、社会等外界因素与实施前应该相同；另外，国情没有重大变化，没有突发事件发生。待检知识的内容为：在其他的各种有关外界因素、环境条件都处于常量的前提下，实施责任制，会出现农业增产。因此，要实现纯粹形态的直接检验，就应该通过实践完全地呈现出符合该规定的事实，该事实是说明对象尺度的必要组成部分。然而，实际中这也难以做到。在实施责任制的时候，正是化肥和农药在我国逐步推广、普遍使用的时候。这时，正逢国家对农产品大幅提价。因此，有人甚至极端地认为，这些因素是导致那些年农业增产的原因。或许，真实的情况是：家庭联产承包责任制与这些新出现的因素一起共同导致了农业增产。所以，严格地说，承包责任制实施后农业增产的事实并非完全等于待检知识的说明对象，从这方面看，该检验也不完全是直接检验。

综上所述，任何政策直接依据的知识的内涵都是关于满足一系列前提条件的断定。概括地说，它的内涵为：在政策得到完全地实施并且影响结果的各种因素、环境保持恒定的前提下，实施某政策，会导致某预期结果。实际中，恐怕大多数政策实施过程及其结果无法保证这些前提成立。即政策直接依据的知识的说明对象无法完整地、以纯粹的形态呈现。实际中，预期结果的产生是多种因素的综合作用，政策仅是其中的作用因素之一；而且，这个"因素之一"的政策还难以做到完全地实施。政策直接依据的知识的说明对象并不像关于天安门的颜色的感性知识，其说明对象能较完全地呈现在面前。它的完满状态的说明对象只能是一种理想的状态，只能通过思维在理论上把它分离出来。所以，确立作为检验尺度的说明对象不仅需要感知，更重要的是需要理论分析、逻辑推理。实际的政策实施过程及其结果只能是理想状态的说明对象的不同程度的近似状态。因此，相比感性知识而言，以此作为尺度的检验也不能认为是一种完全、完整形态的直接检验，而只能看作直接检验的一种大体、近似形式。如果借用目前的表述，该检验中，大致来说，"检验真理的标准"与"真理的标准"是合二为一的。

五、对国内已有观点的评价

知识如何检验，国内哲学界已经有不少论述。这些论述，有的与本书上述观点相近或一致，但主流观点似乎与本书上述观点不一致。所以，要确立本书的观点，需要对已有的观点作评价、解释。下边，我们首先从检验的步骤、检验方式角度对目前的相关论述作评价；然后，再对目前关于知识检验的两种有代表性的观点作评价。

（一）从检验的步骤、方式角度对目前论述的评价

首先，从知识检验的步骤方面简单考察一下目前主流观点与本书论述的关系。

在本节第一部分关于直接检验的讨论中，本书曾经对直接检验的步骤、前提作过论述。由于间接检验的最终一个环节即进入实践过程的推论检验也属于直接检验，所以，那里的直接检验步骤的论述，适用于知识检验的所有形式，具有一般意义。本书的这一论述与目前的主流观点是否一致？

目前关于实践检验过程的论述如下：第一步，确立实践的目的；第二步，提出实践的计划；第三步，实行计划；第四步，分析实践结果；第五步，根据这种分析，重新制订计划；第六步，把新的计划付诸实践，如此反复。[①] 这里所说的第一、第二、第三步，似乎可以看作本书前述关于知识的直接检验步骤中的第三个步骤的具体化，即明确了待检知识的内容和它的说明对象后如何实践的具体的描述。第四步，似乎与本书前述的第四个步骤——"对待检知识的说明对象的把握"相同，是同一回事。第五、第六步则是对实践检验知识的反复性、长期性的描述。本书没有涉及该内容。所以，这一关于实践检验过程的论述，似乎着重考察的是实践在知识检验中的作用。而本书讨论的主要是知识的说明对象在检验中的作用。因此，这一观点与本书的观点并不存在矛盾。似乎，两者相互补充、结合，可以成为关于知识检验过程的更完整的论述。

其次，考察目前关于直接检验和以认知为目的的间接检验的论述。

对这两种检验，本书前述的基本思想是把它们解释为如下过程：通过实践产生、揭露出来知识的说明对象，以此为尺度判定知识。然而，对这两

---

① 黄楠森. 哲学的科学之路——马克思主义哲学的科学体系研究［M］. 北京：北京师范大学出版社，2005（379）.

种检验，国内认识论一般的解释似乎为：检验知识，首先要将它转化为目的、实践观念，然后，通过实践对实践观念正确与否直接检验，间接地检验知识。下边对该解释作一下评论。

我们以"水分子由两个氢原子和一个氧原子构成"的检验为例进行讨论。检验该知识，可以进行水的电解实验。要实施这一实验，当然不能没有实验的目的，还要拟订具体的实验方案、步骤。电解实验的直接目的是什么？本书认为，即将待检知识的说明对象——水分子由什么元素构成、如何构成的事实呈现、产生出来。实验"达到了目的"或者说"目的实现"又指什么？顺理成章地解释也只能是：实验中我们成功地把客观的水分子构成的事实在主体面前呈现出来，即使它不是氢二氧一。如果把"目的实现"仅仅理解为出现"氢二氧一"的事实，显然不正确。"水分子是氢二氧一"，这只是待检知识的主观内容，客观到底怎样还不知道呢。实验目的实现后，主体接着要对实验的结果感知、分析、整理，确定呈现出来的事实告诉我们的是什么，我们才开始对水分子是否氢二氧一作判定。仔细分析可以看到，水的电解实验检验可以再细分为两个相对独立的小的阶段、检验：第一步，对实验**方案**检验。这个方案是关于如何作用有关客体才能呈现出水分子构成事实的具体措施。只要呈现出水分子构成的事实，不管它是否"氢二氧一"，该方案作为非认知性意识，就被证明**可行**。相应地，我们也就证明了"按这个方案做，可以呈现水分子构成的事实"这一认知性意识**符合客观**。第二步，呈现出水分子构成的事实后，将待检知识与该事实相互对照，这时才真正进入了对**待检知识**的直接检验。目的实现，不一定就等于待检知识正确。我们可以假设，假如水分子的构成不是氢二氧一，这时，实验目的实现，实验方案可行，从而实验是成功的，但待检知识却是错误的。综上所述，对这一知识的检验不能理解为对目的、实践方案的检验。知识正确与否与目的是否实现并非完全对应，是一回事。再看另一个例子。迈克尔逊做"以太漂移"实验最初的目的是想发现地球上的以太风。但实验结果表明不存在以太。按目前的流行解释，该实验没有达到预期目的，所以为失败的实验，由此判定原来的设想错误。①该解释需要把迈克尔逊的实验说成失败的实验不妥。按本书的解释，从检验的角度来看，该实验的基本内容即，迈克尔逊认为存在着以太；然后，要检验这一认知性的知识，就通过实验呈现出了以太是否存在的事实从而与该知识实现了对照；最后的结果，证明该知识错误。

最后，我们费较多的篇幅考察目前关于应用知识的实践检验的论述。

对刚才谈到的两种检验，主流观点的上述解释固然有缺陷，那么，对于应用知识的实践检验，主流的观点认为，是对目的的直接检验，是目的与实践结果的对照，检验是一个目的物化的过程，这种解释总该有些道理吧？本书对这种检验提出了与主流观点不同的新解释，即使可以接受，那也不能推翻该主流解释吧？

从刚才关于进攻 Y 阵地的分析不难发现，一个功利实践的功能可以从两个不同的角度理解。一方面，通过实践实现各种实用目的，这是该实践的主要功能。另一方面，在实现功利目的的过程中，我们对应用的知识进行了检验。实际中，只存在这么一个实践，但这两种功能由同一个实践同时完成。我们应该把这看作是同一实践在做两件事，或者说是同一实践的两种不同的功能，同一实践在不同的关系中表现出来的不同的特性。所以，在观念中、理论上，可以、也有必要把该实践进行"分解"。从满足人的实用需要角度来看，这类实践的作用、本质就是通过变革外界，实现人们的各种具体的功利目的。例如，从 B 处突破的进攻活动，目的就是为了攻占 Y 阵地。但如果从检验实践应用的知识角度来看，这类实践的作用即把知识的说明对象呈现出来。例如，要检验"从 B 处突破可以攻下 Y 阵地"，我们实际中从 B 处突破并进攻 Y 阵地的实践活动，就把这一知识的说明对象呈

---

① 吴桂荣．论检验实践的标准［J］．东岳论丛，1990（4）．

现了出来。这两种不同意义的实践，或者说同一实践的不同功能，最好用不同的概念作出不同的表述。对于它实现功利目的的功能，可以表述为：它是目的实现的过程，有一个目的与实践结果的对照过程，是一个目的物化的过程。对于它检验应用的知识的功能，我们宜表述为：这是一个用实践创造出来说明对象，从而判定"指导实践的直接知识"的过程；借用目前的一般表述，它是一个推论知识的物化过程，即其说明对象的现实化的过程。有人把应用知识的检验看作目的的物化过程，或许即混淆了实践的两种功能，单纯从实践的实用功能角度看待知识的检验。关于实践的两个功能的观点也与第一章讨论的实践概念有关。讨论知识的检验，只应该把实践看作联系主客观意义的人类活动，而不应看作具有社会历史属性、功利价值属性的人类活动。

还应指出，对于同一功利实践，不能混淆对于它的如下两种不同的评价。对实践这一人类社会活动的价值、功利评价，是从价值标准、实践目的出发对它的评价，这主要涉及实践的实现功利、社会等目的的功能。该评价不具有唯一性。从某一功利实践的那个特定的实践目的出发，或者不同的人从其他不同的目的、价值尺度出发，或者从整个人类、社会总体目标出发，都可以对某一实践作出不同的价值、功利评价。而对实践的检验知识效果的评价，主要涉及实践如何实现检验的功能。该评价应该具有唯一性。该评价的内容在前边"应用知识的检验"最后已经提到，主要是看该应用知识的实践检验的结果呈现推论的说明对象的完整程度、失真程度，看与检验无关的主观因素或其他客观因素的影响有多大。所以，"实践的成功与否"有两种意义：一种是从实现价值标准、实践目的出发看它的成败；一种是从检验应用的知识角度，看实践的结果呈现推论的说明对象是否成功。这两种"成功"实际中并非都一致，不少情况下它们甚至成"反比"关系。"认识是否具有真理性，是认识的真假问题。实践是否具有合理性，是行为的善恶问题。这是两个不同性质、不同论域的问题。""实践是检验认识真理性的标准，生产力则是检验实践（行为）合理性的标准。"①

把应用知识的检验解释为目的物化过程会导致如下难以接受的结论：主观目的、价值标准对实践成功与否的评价制约、规定着指导实践的知识检验。以主观目的为标准判定实践的成败，这可能导致真理论的相对主义；真理的标准变成了主观目的而不是客观世界，这是唯心主义认识路线。②由前提推出的结论不可取，也表明前提不可取。

对于用目的衡量实践的结果从而检验知识的流行观点，国内也有一些反对意见：按照某一认识的指导进行实践，通过是否得到预期的效果证明认识是否正确，这是对实践检验的误解，是把实践检验过程简单化了，因为按照正确的认识来实践，不一定能得到预期的效果，相反，指导实践的知识不正确，却可能得到预期的效果。③

把指导实践的知识的检验过程解释为目的衡量实践结果的过程有上述不足。那么，是否这种解释错误？我们从两个角度通过比较本书的解释与该流行解释的差异回答这个问题。

从实践的两个功能角度来看。本书指出功利实践存在着达到实用目的和实现指导它的知识的检验的两种功能，不应混淆。仅仅把指导功利实践的知识的检验理解为目的物化的过程尽管对实际的把握不很准，表述也不严谨，但这两个功能毕竟是同一个实践同时实现的，不是两个不同的人类活动过程，因此，这样的理解毕竟指出了指导功利实践的知识的检验通过

① 陶德麟.哲学的现实与现实的哲学——马克思主义哲学及其中国化研究［M］.北京：北京师范大学出版社，2005（137）.

② 黄楠森.哲学的科学之路——马克思主义哲学的科学体系研究［M］.北京：北京师范大学出版社，2005（362、378）.

③ 黄楠森.哲学的科学之路——马克思主义哲学的科学体系研究［M］.北京：北京师范大学出版社，2005（377—378）.

什么样的人类活动过程实现，对指导功利实践的知识的检验过程的定位至少在大方向上没有错。

再从检验"指导实践的直接知识"仅仅局限于实践结果与目的的对照是否合适这一角度来看。我们在本节第三、第四部分已经指出，指导功利实践的知识的检验以及方针、政策的检验最终归结为对于"指导实践的直接知识"和"政策直接依据的知识"的检验。这两种知识本质上是一样的，实质的内容都体现为这一命题："如果按照某种方式做，会出现某种预期的结果"。因此后边的讨论对它们不作区分，相应的结论对于这两种知识都适用。该命题的前半部分姑且可以看做是方案、计划，后一部分姑且看做是主观的目的。前边曾指出，要检验该命题，完全地呈现出来它的说明对象，既要看实际的预期的结果，也要看实际中是否按照某方式做，即既要看实践的结果，也要看实施方案的实践的过程。流行的解释把检验仅看做是目的与实践结果的对照，从检验的角度来看，也就是把应该用实践过程以及结果的总和检验该命题，简化为仅仅用实践的结果与该命题的后半部分的目的的对照。前边在讨论"实施责任制，会出现增产"这一知识的检验时曾指出，要完全地呈现它的说明对象，还应该考虑影响实践结果的环境条件、其他外部因素是否为常量，并且要注意实际中往往难以完全实现"实施了责任制"，因此，仅仅考察实践结果对于说明对象的把握来说是片面的。然而，实践的结果似乎可以认为是上述命题的说明对象事实总和的主要部分。假如硬要把该事实总和拆开，则似乎可以单用实践的结果大体替代事实总和，却不能仅仅用是否实施方案的事实替代。在环境因素基本为常量、方案一般会保证实施的前提下，实践结果与目的的对照似乎大致等于上述命题的直接检验。

因此，对上述流行的解释不宜说错误，只能说它的解释有些简略、粗糙，不十分准确。流行的解释与本书的解释都是向真实的检验过程的逼近，只不过有一个逼真度高低的差别。当然，还有一个逻辑上、表述上是否更合理的差别。实际中，图方便，并且在一些简单、不重要的情况下，而且在环境、方案因素可以忽略不计的情况下，可以把指导功利实践的知识的检验和方针、政策的检验归结为实践的结果与目的的对照。

（二）对目前关于知识检验的两种代表性观点的评价

评价之前需要再说一遍，后边的讨论固然与关于知识实际如何检验的"是什么"的事实有关，很大程度上是相关概念"应如何"定义的讨论。其中，除了与"标准""检验""客体"等概念有关外，特别与"实践"概念如何定义有关。不同观点的分歧往往由于实践概念不一样造成。所以，第一章关于实践概念的论述应该放在此处作为讨论的基础。

首先，对"实践是检验真理的标准"这一主流观点作评论。

"实践是检验真理的标准"命题，学术界有不同的理解。从本书讨论的角度我们把它分为三大类。

第一类。有学者所说的"检验真理的标准"仅指检验的手段、方法，不包括检验的尺度、对照物。所以，"实践是检验真理的标准"命题与本书的观点一致，不同在于表述的术语。

第二类。不少学者所说的"实践是检验真理的标准"命题的含义为：知识检验是一个目的物化的过程，用目的（或者"目的是否实现"）衡量实践的成败从而检验知识。刚才我们已经对该观点作了较详细的评述，在此不再赘述。从总体而言，与"客观事物是检验真理的标准"命题相比，该观点对于知识检验的阐述进了一大步，但在具体描述上欠准确，另外忽略了起对照作用的客观对象尺度的作用。

第三类。其中的"标准"一词指"尺度"。该类观点的要点即，都认为检验中有一个客观的尺度，即实践或者实践的要素（实践的结果），用它判定主观的观念。

　　该类观点又可以分为三种。第一种，把实践理解为认识的对象，而不是检验的手段、联系的桥梁；（第一章曾提到该观点）实践作为尺度与知识直接对照，判定知识是否正确。从对客观的认知事实反映角度来看，该观点是正确的。不能把尺度对象仅限于现成的客观事物，忽视实践及其结果。然而，判定知识的尺度并非仅限于客观的人类活动及其结果。所以，该观点关于检验尺度的断定仅适用于大多数知识，并非普遍适用。从概念表述方面来看，该实践概念实际上为属于客体范畴的一个子概念。提出该概念有必要。但持该观点的学者未相应地提出联系主客观意义的实践概念，有缺陷。

　　第三类中的第二种观点。认为在实践这一完整的体系中，实践的结果是判定的尺度。该种观点中又需要作出两个区分。其中一个观点认为，实践的结果作为尺度直接判定目的是否与之符合，目的是实践结果的超前反映。① 不论把知识检验看作是目的衡量实践成败，还是用实践的结果作尺度判定目的，都是对实际的检验过程的不准确的把握，这在之前已经指出。另外，把知识的检验理解为用实践结果尺度判定目的是否与之相符，还会出现一个逻辑困难，或者说表述的问题：目的作为与知识不属于一类的意识，它的内容主要是主体的一种愿望、要求，例如"我想攻占 Y 阵地"，它的功能并非直接提供客观的情况，如何理解它与客观的认知形式的符合呢？它有一个与相应的价值标准或需要是否"一致"的问题。这里的"一致"，只是"有利于价值标准"的意思。它还有一个"是否具有现实性"，即能否实现的问题。当然，目的意识总指向一个要达到的具体目标，对该目标事实的认知性观念与关于实践结果的认知性观念有一个"对照"。但严格说来，这不是目的这种非认知性观念与关于实践结果的认知性观念的直接对

---

　　① 孟德佩.实践的结果是检验真理的标准［J］.社会科学战线，1998（2）；王来法.关于真理标准问题的几点看法［J］.浙江大学学报（人文社会科学版），1999（10）.

照。因此只能说，目的是否实现的判定要依据这两种认知性观念的对照。包括目的等非认知性意识都建立在认知意识的基础上，这不难理解，但不能因此把它们混为一谈。

第三类第二种观点中的另一个观点认为，完整实践体系中的实践结果是判定知识的尺度，它直接与认知性知识相对照。从对客观实际情况反映的准确程度来看，该观点也是仅揭示了判定知识的主要的、大多数的尺度，因为作为客体的实践过程被排除，现成的客观事物作为尺度未纳入。有点缺陷。从逻辑、表述方面，该观点以此推理为基础：因为构成要素的实践结果是标准，所以实践是标准。第一章曾提到，这里使用的是一种逻辑上不一贯的实践概念，不可取。实践的结果应该称之为实践还是客体，应该首先根据实践、客体概念的定义，然后再看实际中它起的作用符合哪个定义，从而决定它的归属。它在检验中是主体的信息源，主体要把握、搞清的东西，而不是一种活动、一种能动作用、联系的桥梁，所以它属于客体。应指出，如果只是从功利实践的满足实用功能或者社会历史属性出发考察，需要一个不同于"客体"的"实践的结果"概念。因为要讨论实践的目的能否实现，离不开相应的"目的物化""实践的结果"的概念。但从知识检验角度把实践看作创造、呈现说明对象事实的过程，应该把实践的结果纳入客体范畴。

第三类中的第三种观点。不少学者明确地指出，"实践是检验真理的标准"的涵义为：实践既是检验的尺度，又是检验的途径。[①] 从反映客观认知事实的内容上来看，该观点比仅仅认为实践是检验的途径或尺度的观点更深入、全面，与本书观点基本一致。但关于检验尺度，它也是仅断定了作为客体的实践这一主要的或多数情况下的检验尺度，不全面。再从逻

---

① 郭湛. 确定实践标准的实际意义与哲学内涵［J］. 社会科学战线，1998（6）；胡寿鹤. 评"实践是检验方法，不是检验标准"［J］. 社会科学，1996（7）.

辑、表述上来看，"实践既是手段又是尺度"命题不严谨。"方法、途径"与"目标"是一对紧密联系又有所区别的概念。从时间上来看，途径在前，目标在后。既然把"实践"定义为"联系的桥梁""主体的主动作用"，从而是达到目标的途径，就不能同时又用同一个名词表示不同于途径的"目标"。检验中，联系主客观意义的实践要达到的目标是什么？前边已指出，即揭示或"创造"出来作为尺度的客观事实、对象（主要是实践的结果）。所以，称同一个实践既是途径又是尺度不妥，尽管实际中它们联系得很紧密。如果我们要坚持该命题，则同一个"实践"相对于"途径"或"尺度"意义不一样。一个是"联系的桥梁"，一个是"人类活动客体"。这时是"一词多义"。

其次，对"客观对象是检验标准"这一有代表性的观点作评价。

不少学者认为，认识所反映的客观对象是检验认识是否正确的标准，实践是检验认识的根本方法。[①]该命题中"标准"一词指"尺度"。该观点认为真理的标准包含在真理的含义中，（本书认为，确切地说，检验知识的标准包含在知识的含义中）强调指出了"应该的"标准是什么，从而在大方向上、原则上是正确的，有积极意义。它还能较好地解释部分实际检验，例如感性知识、天文学等少量理性知识的检验。再从表述角度来看，把检验的尺度归属不同于联系主客观桥梁的"客体"范畴也是合理的。认为检验是两种因素共同起作用，既离不开客观对象、尺度，又需要实践、检验手段，不论从事实上、表述上都值得肯定。

然而，该观点也有重大缺陷。大多数理性知识、人类主要的知识的说明对象，无法直接起尺度作用。这是一个客观的认知事实。该观点对此未给出令人满意的说明。多数理性知识在实践中的检验表面看来是一个目的物化过程，该观点不能给予解释。固然，检验知识的尺度应该根据知识的

---

① 王智. 关于"检验真理"的几个问题［J］. 东岳论丛，1994（3）.

含义或它的本质确定，即知识的说明对象。但问题在于这个客观对象一般情况下无法直接起到尺度作用。所以，正如多数学者正确地指出的那样，检验知识的正确与否，即通过什么途径，或者用什么可以直接使用的尺度来判定知识与它反映的对象是否符合。在这个意义上，知识反映的对象不可能是实际的检验尺度。相比而言，"实践是检验的尺度"观点更符合实际。所以，多数学者对该观点提出质疑，它未普遍接受也在情理之中。

不过，该观点毕竟与本书的基本观点一致。国内多数学者对此持反对意见。要捍卫本书的基本观点，需要对这些反对意见作出答复。

国内较有代表性的反对客观对象是检验知识的标准的理由似乎主要有三个。[①] 理由之一，以客观对象为检验尺度，归根到底是以感性直观为尺度，这是早已为马克思所批判过的直观唯物主义的观点。前边讨论直接检验时已经指出，实际用的检验尺度只能是说明对象在人脑中的观念形态，这是一个客观的认知事实。即使我们说实践及其结果为检验的尺度，最终也是直接用对实践及其结果的感知作尺度。不少学者已指出了这一点。关键在于，作为尺度的客体不应仅限于现成的客观事物，还应包括客观的实践过程及结果。"感性直观"作为直接的尺度也应主要指在实践过程中对客观的实践过程及结果的感知。理由之二，理论是抽象的理性知识，无法从事物的具体形态上感知它，只有实践活动能证明它的正确性。通过前边的讨论可见，即使抽象的理性知识的说明对象不能直接感知、起尺度作用，但在对它的间接检验中，它的说明对象仍然会间接起尺度作用，例如惯性定律的检验。要检验抽象的理性知识，只能通过做出推论把它具体化进行间接检验；而对推论的直接实践检验，其中使用的尺度主要为实践过程以及结果客体，仍然应该称之为客观对象。要检验关于事物本质的理性知识，不可能直接拿"本质"作尺度对照。实际中，只能通过实践拿表现本质的

① 《哲学研究》杂志评论员.深入开展实践标准的理论研究［J］.哲学研究，1980（5）.

"现象"作尺度实现判定。而"现象"所以能充当尺度，只是因为它能表现"本质"，这时"本质"仍然间接起着尺度作用。理由之三，正确的知识是可以用来指导有目的有计划地改造客观世界的科学知识，这种知识是否正确，**现存**的客观事物无法衡量，只能通过实践使知识物化、目的实现后才能证明。这一观点本书前边已经作了评价，在此不再赘述。除以上三个理由外，还有学者指出，承认客观对象是标准，即承认离开人的实践活动而独立的客观事物是标准。^①果真如此，"对象标准论"难以接受。由前边的论述可见，直接起尺度作用的对象不可能离开实践独立存在，它主要是在实践中呈现出来的事实。只不过，它不能称"实践"，也不宜叫"客观事物"，谓之"实践中的客观对象"较合适。

综上所述，"对象标准论"在原则上、总体方向上值得肯定。它着重强调的是"真理的标准""应该的标准"。但对大多数理性知识而言，实际中用什么具体标准实施对它的检验，该理论的解释过于粗略。即对"检验真理的标准"的论述不能令人满意。"实践标准论"克服了上述弊端，对理性知识在实际中如何具体检验，用什么具体标准给出了更进一步、大体接近正确的解释。它着重论述的是"检验真理的标准"。但该理论在对实际的检验的描述中未能给予"真理的标准"适当的位置，未能圆满解释实践间接检验如何还原为知识与对象的符合判定，在表述、逻辑上有一些不严谨。"对象标准论"描述感性知识以及现成客观事物的知识的检验更适宜；"实践标准论"则可以解释变革外界实践中的理性知识检验，以及指导实践的方针政策的检验。所以，国内这两种有代表性的知识检验理论各有利弊。如果能取长补短，实现两者的综合，或许会形成一种较全面的知识检验的观点。本书在这方面作了一点尝试。根据每一知识的说明对象是检验知识的根本尺度的观点，本书统一解释了两种间接的实践检验和方针政策的检

---

① 张立波.九十年代实践问题研究述评［J］.教学与研究，1995（5）.

验，指出，"检验真理的标准"起作用离不开"真理的标准"，"真理的标准"在一些简单情况下也能直接起"检验真理的标准"的作用，将"真理的标准"与"检验真理的标准"统一了起来。本书对感性、理性知识，关于现成客观事物的知识和方针政策的检验给出了统一的解释：检验都离不开实践，或者接触实践，或者变革实践；都离不开尺度，或者现成的对象，或者实践的结果对象。有学者在坚持"实践标准论"的前提下，已指出"真理标准"与"检验真理的标准"的关系："对象标准是实践标准的实质，实践标准是对象标准的转化形态"，实践标准已把对象标准蕴涵于其中。[①]

第三节　依据对象、证明对象与知识的检验

上节我们讨论了说明对象与知识检验的关系，指出了它在检验中的主导作用。本节，我们讨论依据对象与知识检验的关系；并在说明对象、作用主体对象概念的基础上进一步提出一个"证明对象"概念，用它描述参与过某一知识的全部检验的尺度情况。

一、依据对象与知识的检验

首先，对知识检验作一个分类，进一步明确"知识检验"的涵义。科学哲学中，假说检验可以分为假说形成过程中的一般检验和形成之后的严

① 胡寿鹤.真理标准和检验真理的标准［J］.东岳论丛，1996（1）.

格检验。① 科学知识检验的这一分类也适用于一般的知识。因此，这也就是进一步拓展了"检验"的涵义，它不仅限于知识形成之后的检验。据此，上一节讨论的都属于知识形成之后的检验。本节将讨论的用知识的依据对象作尺度的检验，就属于知识形成过程中的检验，它不是专门安排的检验。

用知识的依据对象判定知识，这是现实的认知活动中的一个事实。我们知道，在自然科学的假说形成阶段，主体要为选定的理论观点作广泛的辩护，系统而综合地解释已知的相关事实，寻求经验证据的支持。这是对假说的理论观点的一般检验。这似乎主要是用知识的依据对象作尺度来判定知识。

虽然存在着上述事实，我们仍要确认，这种判定活动是否属于"检验"？这又要搞清根据什么确认判定活动是否检验。从本书的基本观点来看，应该用知识的说明对象检验知识，因此，要确认依据对象为尺度的判定活动是否检验，只需要看一下知识的依据对象是否接近它的说明对象，能否代表说明对象。为此，我们考察一下依据对象接近说明对象的三种情况。第一种情况。有的知识，尤其感性知识，它的依据对象几乎就是说明对象，或者说明对象的主要部分。例如"天安门是红的""这个温度计的水银汞柱停在 37 的刻度上"，这些知识的依据对象即客观存在着的事物的颜色、空间位置关系。检验这些知识的说明对象尺度也是客观存在着的事物的颜色、空间位置关系。第二种情况。许多知识，特别是理性知识，其依据对象与说明对象不完全相同。例如现场的指纹、血迹与真实的凶手作案的事实，"地湿"与"昨天下雨"的事实等等。这时的依据对象虽然不同于说明对象，但它与说明对象有关联，是说明对象的一种效应、结果。总之，它可以或多或少地表明、代表着说明对象的情况。从知识检验的角度来看，此处的依据对象可以看作由待检知识做出的推论所解释的事实。例如，"地

---

① 　张巨青.科学逻辑［M］.长春：吉林人民出版社，1984（147）.

湿"既可以成为"昨天下雨"这一知识的依据对象，又可以成为"昨天下雨"这一知识做出的推论的说明对象。所以，此处，依据对象可以看作它的知识的派生的判定尺度。第三种情况。有时，主体对有关对象的情况了解不多，他凭据的，即该知识的依据对象只能叫做相关的很间接的"线索"。这难以看作知识的说明对象的代表。例如，我们抬头看到今天多云，或者近几天没下雨，据此作出推断："明天将下雨。"这些依据对象就难以作为"明天将下雨"的派生的判定尺度。

由上可见，用知识的依据对象作尺度判定知识，能否叫做对知识的检验，不能一概而论。要具体情况具体分析。似乎也需要提出这样的一个原则：单纯从知识检验的角度来看，依据对象要能充当检验的尺度，它应该尽可能接近、趋向说明对象，与说明对象有尽可能多的关联。然而，由于人类认识的能动性，实际中依据对象不可能非常接近说明对象。依据对象的作用主要不是检验知识，而是作为信息源形成知识。从它的这一本职工作、主要功能出发，我们也不应该向它提出尽可能趋向说明对象的要求。所以，即使它充当了检验的尺度，相比知识形成后专门的检验活动中的根本、派生尺度，其尺度作用的效果还是较差的。在科学哲学中，把形成某个初步假定时被考察和引用过的已知事实对假说的支持叫"虚假支持"，而不是真正的支持。理论形成以后预测的成功则是对理论的"严格的检验""高强度的支持"。[①] 应特别指出，依据对象在充当检验的尺度时，从逻辑上说它是以说明对象的身份出现的。严格来说，它这时属于说明对象的一个代表、表征，我们不能把它归入不同于说明对象的依据对象范畴。用依据对象判定知识的检验，也不能看作与前述几种检验方式并列的一种检验方式。

由上分析可见，一方面，知识的依据对象作为信息源能起提供信息的

---

① 张巨青.科学逻辑［M］.长春：吉林人民出版社，1984（147—150）.

作用，另一方面，它又可以起判定知识的尺度作用。依据对象的这两种作用在现实中不可分割地联系在一起，我们只能在理论上把它们分割开。所以，知识的形成过程和检验过程是统一的，依据对象与说明对象是统一的。我们知道，在科学哲学中，也有观点认为，科学理论的证明与发现或者说评价与建构是统一的，而不是截然分开互不相关的。形成知识之后专门进行的实践检验中，说明对象如果实际地充当了检验的尺度，它也就转化成为作用主体对象。这时，它对主体也起一个提供信息的信息源的作用，它也可以转化为知识的依据对象。可见，在知识的检验阶段，依据对象与说明对象也可以是统一的。

二、证明对象与知识的检验

一个知识经过实践检验后，不论直接还是间接检验，都会产生一种实际起了该知识的判定尺度作用的客观对象、现象、事实，它或许主要指实践的结果；它可以是说明对象事实本身，也可以是与说明对象有关联的其他事实。它是表明了该知识正确或错误的客观事实"证据""根据"，是实际参与判定了该知识真假的那些客观对象"尺度"。某主体的一个知识，或者不考虑具体主体的某知识，可能经历了该主体或者许多主体的许多次的不同水平、不同方式的检验，在这些检验中判定该知识的尺度对象的种类、数量也很多。这些已经起到了证明该知识作用、实际成为判定尺度的对象的总和，对该知识而言，在没有找到更好的名词之前，姑且称之为"证明对象"。例如，牛顿力学的证明对象，即自该理论创立至今的几百年间作用于许多人类的验证了该理论的远小于光速的宏观物体运动的事实。物理学中的宇称守恒定律在 20 世纪 50 年代前被认为普遍适用；但在此之前，它的证明对象仅限于微观粒子的强相互作用、电磁相互作用范围的事实。中国革命胜利前，国际共产主义运动内有这样一个共识：无产阶级革命要取得胜利，必须走中心城市武装起义的道路。证明该认知命题的事实发生在欧洲资本主义国家，主要是俄国十月革命胜利的事实。

此处的证明对象不是正在对知识进行检验过程中起作用的对象，不涉及怎样进行检验，而是截止我们考察的某时为止，一个知识的全部检验结束后，参与过该知识的检验活动，从而与该知识发生了客观存在的检验关系的事实尺度总和。与本书的其他概念一样，该概念也是相对于每一主体的每一知识才有意义。如果一个知识可以看作整个人类的成果，例如牛顿力学，不考虑承载它的具体主体是谁，则它的证明对象仅仅相对它隶属的某一知识。

不难看到，该概念与说明对象概念关系密切。

有的知识的证明对象即说明对象本身。例如感性知识，或许还包括极少量的理性知识。还有的知识的证明对象是其说明对象的局部、一部分。例如，对全部产品进行抽检，抽查的个别产品合格的事实。许多理性知识的证明对象是其说明对象的一种效应、关系，这类证明对象就是间接检验中的派生尺度事实。例如证明生物进化的化石，证明"昨天下雨"的"地湿"的事实。证明对象并非仅限于专门安排的检验中呈现的事实。一个知识在实际应用中呈现出来的能表明其真假的实践过程及其结果的事实，也属于该知识的证明对象。在该知识形成阶段时的依据对象，如果可以看做判定该知识的尺度，则它也属于该知识的证明对象。

证明对象最好直接就是说明对象。但实际中这样的情况非常少，严格来说不可能。尽管如此，它都是也必须是能表明说明对象情况的事实，是围绕着说明对象、接近于说明对象、与之有关联的事实。它是客观世界中所有可以充当某知识的检验尺度的事实中的极少的部分，即已经起到了尺度作用的现实化的客观事实总和。

显而易见，该概念与作用主体对象概念也关系密切。

　　既然证明对象是主体参与其中的检验实践中呈现出来的尺度事实，是主体已经认知过的实践结果，所以，它必然是作用主体对象。这是它的一个特有属性。当然，这里的"主体"也可以指人类主体，不一定是某一具体的主体。到目前为止，作用主体对象概念隶属于依据对象概念，证明对象既然是作用主体对象，该概念是否也隶属于依据对象概念？如果依据对象仅指一个知识最初产生时的那一特定的信息源，则证明对象显然不局限于此，它不等于依据对象。然而，产生一个知识，随后对它进行一系列检验的过程中，我们往往会对它的内容有所补充、修改。所以，检验中呈现出来的作用主体对象对于检验后的该知识而言，完全应该叫做依据对象。即使一个知识经过检验后内容没有任何变化，但检验后的知识，不能认为它的依据对象仅限于当初的那一个；这时，应该把它看作从包括检验中的事实在内的全部事实中产生。据此，证明对象与产生知识的依据对象是同一的，并非两个对象。

　　既然如此，直接称该对象为依据对象罢了，何必再造出一个"证明对象"名称呢？在此，该对象对我们不具有"知识形成的信息源、原材料"的意义，我们不是考察知识根据什么形成。知识形成后，我们关心它与客体符合的程度；确切地说，我们关心它相对于什么而言正确，这些证明它正确的事实有多少。在这个意义上，我们把证明对象看作能表明已形成的知识是否正确、正确程度大小的证据。所以，它虽然与依据对象是同一个东西，但它对于主体的意义、作用却不一样。它的本质属性为"表明知识正确与否的证据"，而不是"知识之产生依据的信息源"。所以单独提出一个与"依据对象"区分开的概念是可以成立的，也有必要。它是在说明对象、作用主体对象概念的基础上进一步提出的一个与知识的检验尺度情况有关的概念。

　　这样，作用主体对象就有两种意义：其一，它是依据对象，是依据对象的主要形式；其二，它又可以理解为证明对象，是实际证明了知识是否正确的那些充当了尺度的对象。同一个作用主体对象，根据它与主体知识关系的不同，可以分为两类。作用主体对象概念也并非仅隶属于依据对象概念。

在此需要强调指出，由于证明对象只是那些能通过光波、声波作用于人类的客观对象，而如上节所述，实际中，即使"这是一个苹果"这样的感性知识的说明对象，也不可能被人类完全把握，完全地作用人类，所以，实际中的任何知识的证明对象全部，都不可能完全等价于它的说明对象，只能是对于说明对象的一种不同程度的逼近。

最后，简单论述一下提出该概念的必要性。

知识产生后，人们最关心它是否正确，确证度的高低。而获取它的证明对象情况或许是达到该目的的主要途径。一个知识的证明对象的情况提供了该知识适用对象、范围的证据。通过它还可以搞清该知识在什么程度上、什么精度上得到了证明。知识形成以后，与把握它的使用有关的两个概念就不是依据对象和说明对象，而是证明对象和说明对象。全面、准确地把握知识的证明对象情况，把握它趋近说明对象的情况，有利于我们在实践中更好地应用该知识。李政道和杨振宁正是详细考察了当时的宇称守恒定律所有的证明对象情况，发现该定律在弱相互作用领域从未得到实验证明，在此基础上才进一步建立了弱相互作用中宇称不守恒的假说。

第四节　逻辑证明与知识的判定
——间接以说明对象为尺度的非实践判定形式

本书关于知识检验的基本观点即：对知识的检验都是直接或间接用其说明对象尺度与知识的对照过程。如果认为逻辑证明也有判定知识的作用，虽然不是实践检验，则它也必须能解释为这样的对照过程。要彻底论证本书的这一基本观点，必须用该观点对逻辑证明判定知识的作用也作出解释。

我们先明确一下"逻辑证明"的涵义，指出哪一些不在本书讨论的"逻辑证明"之内。不少情况下，学术界所说的"逻辑证明"指在组织实践、对实践结果分析等实践检验过程中的逻辑推理、证明。本节讨论的仅仅是独立的逻辑证明，例如实践检验之前的单纯的理论证明。单独的逻辑证明种类很多，其中有一些不在我们的讨论之列。例如，"所有的中国人都应爱国，他是中国人，所以他也应该爱国。"这里论证的就不属于知识与客观对象的符合。再者，命题还有逻辑命题和实在命题之分，纯演绎科学（数学、逻辑）中的证明是永真式的证明。永真式的证明不属于本书讨论的内容。本书讨论的只是关于实在命题、经验科学中的命题的逻辑证明。本节的"逻辑证明"不仅限于演绎论证，也包括归纳论证。

要对逻辑证明的判定作用用本书的观点进行解释，当然必须确立一个前提：逻辑证明确实有判定知识的作用。而目前学术界对此有不同的看法。因此，需要先对此作一些论述。

一种有代表性的观点认为，在演绎证明中，结论已经蕴含在前提中，推理不过是把已经在前提中的内容揭示出来而已。这似乎可以看做是目前关于实在命题的演绎证明作用的基本观点。如果这个观点成立，则很难从理论上说，演绎证明具有判定知识正确性的作用。为此，需要对推理和论证的区别重新作审视。在谈到推理与论证的区别时，一般认为：推理是根据一个或几个判断（前提）得出另一个判断（结论），论证则是由断定一个或几个判断（即论据）的真实性，进而判定另一个判断（即论点）的真实性。推理并不一定断定前提的真实性，而论证则要求断定论据的真实性。[①] 推理中是先出现前提，后有结论；论证中，则是先有论题，后出现论据。[②]

---

① 金岳霖 . 形式逻辑［M］. 北京：人民出版社，1979（288）

② 苏天辅 . 形式逻辑［M］. 北京：中央广播电视大学出版社，1983（454）

以上观点指出了推理与论证的区别，无疑是正确的。然而，目前学术界对论证还有如下的一些论述。如果严格遵循以上观点解释这些论述，似乎会出现不一贯。例如，目前一般还把论证看作一种特殊的推理，即前提必须为真时的推理；论证过程是一个从论据（即前提）演绎推导出论点（即结论）的过程。对论证的该解释，单纯从推理或论证的形式结构上来看是正确的，但从思维内容来看，似乎与前边关于推理与论证的区别的观点存在矛盾。一个基本事实即，论点既然先于论据而存在，怎么能把它看作从论据中推出来？如果说它从论据中推出来，从逻辑上看，就与它先于论据相矛盾。论点在整个论证中，是一个已知的、已经存在的东西，论证不过是判定这个已有的知识是否具有正确性属性。我们怎么能把论证看作是论点的**产生**过程呢？怎么能把论点看作是仅仅在论证的最后阶段才出现呢？从逻辑上来看，这难以自圆其说。或许这些学者只看到了论证与推理在形式上有共同点，因而错误地认为它们在观念内容上、在思维过程上也一样。从认识论角度来看，似乎应该指出，推理是知识的形成过程，论证只是知识的判定过程。对于知识的形成，我们才可以说前提蕴含结论。我们说，结论存在于前提中，结论是把前提中的已有内容揭示出来，这仅仅指出了结论如何产生的具体方式。这些观点都只对推理才有意义。论证根本就不是一个知识形成过程，所以把它解释为蕴含关系，是一个揭示前提中已有内容的过程，这是错误的，也没有意义。因此，根据这一质疑认为演绎论证不具有判定知识正确性的作用，不能成立。由于论证不同于推理，所以本书中"论点"与"结论""论据"与"前提"的涵义不完全一样。

进行完理论分析后，我们再简单看看实际中的逻辑证明情况。先看一个例子，由此也可以明白本书这里说的逻辑证明指的是什么。要判定关于某铁球从一个房顶自由下落所需时间的预言，可以用自由落体定律通过逻辑证明进行。实际中，人们要辨别一个知识的真假，或者把它付诸实践检验之前，也往往先利用正确的理论、知识，通过逻辑证明进行判定。可见，逻辑证明在一定的范围内确实能对知识与客观是否符合起一定的判定作用，这种判定作用经实践证明往往是有效的，有一定的可靠性。

本书将要论述的逻辑证明就是也仅仅是指诸如上例那样的判定作用。但是必须指出，这种判定作用与前述的实践检验不同，不能相提并论，不属于同一个层次。按照目前的表述，逻辑证明不是检验真理的标准。实践检验是"源"，具有原始性，逻辑证明是"流"，具有派生性。对一个知识的任何一次实践检验，都使我们向该知识的完全彻底的检验迈进了一步，使该知识的证明对象范围内增加了一名新成员。这具有绝对性。对一个知识进行了逻辑证明，它的证明对象范围内并未相应地增加新成员，还是利用已有的事实，没有"创新"和"发展"。正如目前多数学者所认为的那样，这种判定作用是实践标准的间接、集中的表现形式，是实践检验的辅助标准、间接标准或补充标准。因此，按照本书的表述，为了与实践检验区别开，逻辑证明的这种作用本书不叫做"检验"，而叫做"判定"。

下边，我们开始对逻辑证明的判定作用进行解释。按照本书的基本观点，逻辑证明如果具有判定知识与客观是否符合的作用，则它应该理解为间接用**论点**的说明对象判定论点的论证过程。所以，下边考察的重点即看看逻辑证明是否可以这样理解。要严谨完整地论证这个观点，似需要从四个方面逐步展开。

第一个方面。需要确认，逻辑证明是否用尺度判定知识的过程，什么是它的尺度？

论据既然叫做论点得以成立的"根据"，逻辑证明是用论据判定论点，所以，首先需要明确，论据是否可以看做判定论点正确与否的间接的尺度？论点与论据在论证中虽然都是观念、判断，但我们知道，论证中，论点的真假未定，这就表明它在论证中的身份不可能代表客体，真假未定的只能是待检验、需要确认的属于主观层面的东西。我们还知道，论证中，论据必须是真实的判断，这就表明，论证要求它的论据必须真实地传递客观对象的情况，从而，论据在论证中的身份可以看做属于客观层面的东西，是客体的代表。所以，论据在论证中的定位：它是我们用以证明论点正确与否的替代客体的间接尺度。论点在论证中的定位：它是有待与尺度对照确定真伪的主观的知识。它们在论证中虽然都是理论、观念的形态，但分属客观、主观的不同领域。正如实践检验中直接用的知觉尺度与待检知识虽然都属于观念，但它们在实践检验中的地位却分属客观、主观不同的领域。我们图省事，用客观对象的复制品作为尺度，只要它能准确地传递客观对象的信息，就能起到判定知识的尺度的作用。其次，需要明确，论证的过程是否用尺度判定论点真假的过程？我们来看一个例子。待论证的论点为：水星以椭圆形轨道公转。论证的论据为：所有太阳系的大行星都以椭圆形轨道公转，水星属于太阳系的大行星。这里，论点是一个关于水星公转轨道情况的主观判断，真假有待确定。根据论证的要求，论据必须真实。我们知道，该例中，论据是真实的。所以此例中，论据也就是告诉了我们包括水星在内所有太阳系的大行星的实际公转轨道的真实的情况，也就是提供了水星的真实的公转轨道这一论点的说明对象尺度的情况。所以，该例可以理解为用观念的客观尺度间接地判定论点的过程。

第二个方面。由上可见，论据真实是它能充当替代尺度的必要条件。它能保证真实吗？

知识是否具有正确性的属性，只有通过对知识的检验活动才能被主体知道。所以，考察论据是否正确，也就转化为考察论据是否通过检验活动其真假被主体知道。在此，我们分别对归纳、演绎论证的论据的检验情况作一点考察。考察的重点即看论据的"证明对象"情况，它与其说明对象的趋近程度。

归纳论证的论据一般是关于某类事物的个别、特殊对象的断定。它往往表现为一系列的单称、特殊陈述。我们知道，对这些陈述往往可以实现直接检验，它的证明对象与说明对象一般来说是比较接近的。用单称、特称陈述作为尺度，可以看作比较接近于用它的说明对象的观念形态作为尺度，这个替代的可靠性较高。因此，单称、特殊陈述形式的论据，似乎许多情况下能够保证它的正确。演绎论证的论据一般为普遍命题、抽象的理性知识，它断定的往往是无限的对象全体，事物的内部联系、本质的东西。它的说明对象不可能被主体全部地、直接地把握。我们知道，演绎出发点的普遍命题是人们运用以归纳为主的方法对个别事物认知的结果，演绎以归纳得出的结论为前提。普遍命题的"证明对象"不是它指向的全部的对象范围，仅是其中的一部分。一般情况下，我们往往用数量、种类有限的关于其说明对象的事实证明普遍命题。并且这些事实还不一定是说明对象的直接的一部分，而可能仅仅是说明对象的效应、结果、关系，关于说明对象的间接的事实。因此，普遍命题并没有、也不可能得到完全彻底的证实。所以，演绎论证中直接使用的普遍命题尺度不能保证非常接近于它的说明对象。然而，普遍命题论据毕竟得到大量的有关事实、理论的支持，一般不允许出现反例。并且，其证明对象虽然小于说明对象总和，但事实表明，种类、数量上许许多多的有限的检验能够对普遍命题的真假提供有力的确证。所以，多数情况下，用得到证明的普遍命题论据充当尺度，可以做到具有相当高的可靠性。

第三个方面。论据如果能充当判定论点的尺度，应该能代表、替代论点的说明对象。它能做到吗？

先讨论归纳论证。归纳论证中的论据往往是一系列的单称、特殊命题，论点往往是普遍性更高的命题。论据的说明对象往往属于论点的说明对象的局部、个别。前者如果不能代表或者表明后者的情况，就不够资格充当判定论点的尺度。看来，至少有些归纳论证中的论据的说明对象不能完全达到这个要求。例如"以偏概全"不行，一些单纯的简单枚举或许也不行。然而，论据的说明对象如果是论点的说明对象的典型部分，有代表性的事例，则论据就能在一定程度上表明论点的说明对象的情况，它大致地代表论点的说明对象情况可以做到有一些可靠性。不过，显然，归纳论证中，论据的说明对象逼近论点的说明对象的程度较低。

再讨论演绎论证。我们考察一个实际的例子。要判定"这块铁热胀冷缩"，论据为"所有的金属都热胀冷缩，这块铁是金属"。在此，判定的尺度断定了所有的金属的温度与体积的关系，当然也包括"这块铁"。这样，论据与论点的说明对象建立了联系，从而，单纯从逻辑形式上来看，以论据为尺度判定论点，也就意味着以论点的说明对象判定论点。然而，问题的关键在于凭什么认为论据可靠地提供了论点的说明对象的事实？演绎论证的论据提供论点的说明对象事实，或者说两者建立联系主要有两种情况。一种情况，完全归纳法的演绎论证，如上述论证水星是否以椭圆形轨道公转的例子。论证的论据：所有太阳系的大行星都以椭圆形轨道公转。该论据建立在对所有的太阳系大行星包括水星进行了观察实践检验的基础上。所以，该论据尺度接近论点的说明对象尺度的程度很高。但大多数情况下，论据并非建立在实际考察了它的全部说明对象的基础上。在金属热胀冷缩的例子中，论据断定"所有的金属都热胀冷缩"，并没有考察"这块铁"，而仅仅是考察了一部分金属热胀冷缩的事实，并根据得到事实有力支持的相关理论推广至"这块铁"，从而论据与"这块铁"是否热胀冷缩的事实建立了联系。所以，大多数演绎论证中，论据尺度接近论点的说明对象尺度的程度相对完全归纳法要低一些。不过，大多数演绎论证的论据往往经过了数量、种类众多的事实的广泛确认，并且还有得到事实确证的理论的支持，因此，用该尺度判定论点，可以大致看作间接地用论点的说明对象判定论点，即用一个未得到实践直接证实但具有很高的可靠性的关于论点的说明对象情况判定论点。

第四个方面。逻辑证明中直接起作用的尺度是论据，**应该的**尺度——论点的说明对象尺度是否间接起着尺度作用？

与前述间接实践检验一样，在逻辑证明时，虽然直接起作用的尺度是论据，但论点的说明对象尺度仍然间接起着尺度作用。归纳论证中，论据必须有代表性、有典型意义，这就是用论点的说明对象规定论据所提出的要求。在大脑中，我们用观念的论点的说明对象衡量论据是否大致接近自己，从而决定它是否可以充当尺度。在演绎论证中，之所以要求论据为普遍命题，也是用论点的说明对象这一根本尺度评判论据的结果。因为只有这样论据尺度才能涵盖根本尺度。判定"这块锑热涨冷缩"，论据尺度的证明对象是否包括许许多多的铜、铁、铝等热胀冷缩的事实并不重要，关键要看是否有对其他锑的考察。这都是论点的说明对象尺度间接起作用的表现。

综合上边四个方面的论述，归纳论证的论据可靠性较高，但它的论据作为客观尺度的代表，论据的说明对象逼近论点的说明对象的程度低。因此，归纳论证对于论点的判定作用效果较差。大部分演绎论证中的论据虽然可靠性略低，但是它的论据作为客观尺度的代表，论据的说明对象更接近论点的说明对象。因此，大部分演绎论证对于论点的判定作用效果较好。显然，大部分对于实在命题的演绎论证属于一种具有一定程度或然性的论证，不能叫做"必然性的证明"。完全归纳法形式的演绎论证的判定效果最好。任何一个具体的归纳或者演绎论证如果具有判定作用，都可以在不同程度上看作间接地、大致地用论点的说明对象为尺度判定论点的过程。这是一种具有一定的或然性的非实践判定方式。它与实践检验一样，也由检验尺度和手段组成。其尺度即论据，手段即论证的逻辑形式。至此，本书的上述基本观点就得到了彻底的论证。

我们知道，逻辑学关于论证的规则中，对论据有一条要求：它必须真实。由前所述，对于实在命题的论证，似乎还应该加上一条新规则：论据作为直接的判定尺度应该能够在一定程度上代表、充当论点的说明对象，或者说论据应该尽可能接近论点的说明对象尺度。这是逻辑证明具有判定作用对其论据提出的另一个要求。

与前述实践检验一样，对每一具体的逻辑证明也有一个优劣评价，也存在着一个应然的研究。

首先，对一个具体的逻辑证明，要评价它是否有判定作用。这当然只能通过论据是否能大体替代论点的说明对象来判断。我们不应笼统、空洞地谈论逻辑证明是否有判定作用，我们只能、也只应讨论"某一具体的逻辑证明"对于它的论点来说，是否有判定作用。其次，对于有判定作用的逻辑证明，我们主要通过考察它的论据的情况，做出该证明的判定效果优劣、大小的评价，当然推理形式必须符合逻辑规则。例如，考察它的论据的真实度的大小，考察证明论据为真的事实的数量、种类，论据经过了什么精度和范围的实践检验的证实；考察论据是全称命题还是特殊命题，由论据到论点是一个归纳论证还是演绎论证；考察这些论据代表的事实与论点的说明对象的相关程度、接近程度，等等。在此有必要特别强调，要评估逻辑证明对论点的判定效果的大小，考察其论据的证明对象与论点的说明对象的相似、接近程度很有意义。要判定"这块铁热胀冷缩"，论据的证明对象中如果包括其他铁的有关事实，根据大自然的规律性、同一性，"这块铁"也热胀冷缩的可能性会非常大。反之，可靠性就小一些。20世纪50年代前，如果用宇称守恒定律先通过逻辑证明判定弱相互作用下宇称是否守恒，该定律的证明对象范围与待判定的论点的说明对象范围就不一样。所以，仅从这一点来看，该逻辑证明不成立的可能性较大。

第五节　小　结

主要四方面的内容：一、对知识检验进行分类，概述本书知识检验的主要观点，论述如何逼近对一个知识的更完全、可靠的检验。二、概括本书关于检验尺度的论述，对尺度进行分类，论述尺度对象与证明对象的关系。三、概述本书描述知识检验的特色。四、以本书观点为基础，融合基础主义、融贯论、外在主义等观点，论述如何实现更完全、可靠的知识检验。

第一方面内容。首先对知识检验作一个分类。

根据知识检验是否属于根本检验，可以把它分为两大类：

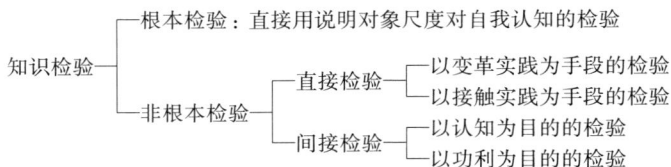

```
                ┌─根本检验：直接用说明对象尺度对自我认知的检验
知识检验─┤                    ┌─直接检验─┬─以变革实践为手段的检验
                │                    │          └─以接触实践为手段的检验
                └─非根本检验─┤
                                     └─间接检验─┬─以认知为目的的检验
                                                └─以功利为目的的检验
```

逻辑证明不属于实践检验，不属于"检验"，本书称之为"判定"。

根据知识检验在知识形成过程中的阶段可以大致分为两类：

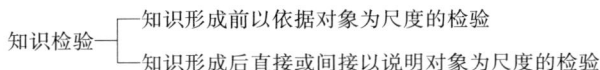

```
                ┌─知识形成前以依据对象为尺度的检验
知识检验─┤
                └─知识形成后直接或间接以说明对象为尺度的检验
```

知识检验本质上是什么？可以用一句话来概括：它就是通过实践等各种手段实现知识的说明对象或者其替代尺度与该知识的主观内容的对照。不论感性知识还是理性知识，也不论检验是直接还是间接方式，要实现对照，首先要明确待检知识的内容，并据此明确它的说明对象这一检验的根本尺度是什么。然后，应尽可能通过实践实现用这一根本尺度的观念形态进行直接检验。实在做不到或者没必要，就要进行"转换""替代"，寻找与知识的说明对象有关联的其他事实，或者大致可以替代、接近说明对象的事实，这些事实必须具有能被人感知的特性，通过实践实现用该类事实作直接的尺度进行间接的检验。不论什么间接检验，甚至逻辑证明，待检知识的说明对象都是、都应该间接起尺度作用。直接的派生尺度都是、都应该是根本尺度的一种近似表现形式。要实现这个对照，首先需要主体主动地对客体变革、干预、作用，将所用的尺度创造、呈现出来，并被主体感知到。实践是获取尺度并实现尺度与知识对照的手段。关于检验的实践活动都可以理解为一个获得、"创造"说明对象或者其间接替代尺度的过程。实践活动客体、实践的结果是主要的检验尺度。本书认为，说明对象尺度在整个检验中处于主导、中心的地位，检验手段的实践则在整个检验中处于基础、前提的地位。

　　关于外部的任何知识的任何检验，所用的尺度只能是对于该知识的说明对象的不同程度的替代、接近，所以检验都具有相对性、不彻底性。这就提出来一个如何实现对一个知识的更完全、更可靠的检验的问题。要实现知识的更完全的检验，关键是实际使用的替代尺度要尽可能地等价于待检知识的说明对象。先看感性知识。在本章第二节第一部分已经指出，关于说明对象的多人、多次、多种检验方式的知觉总和如果都一致，建立在理论基础上的关于说明对象的"融贯的知觉尺度体系"，更趋于等价感性知识的说明对象这一根本尺度。再看理性知识。理性知识的典型代表是普遍命题。普遍命题只能进行间接的派生检验。要实现对普遍命题的更完全的检验，理论上应该把其全部无限的派生尺度对象都考察到，据此对普遍命题进行相应的无限次数的判定。从横的方面看，需要根据普遍命题作出所有的推论，并将该普遍命题应用于指导相关的所有的实践；从纵的方面看，应该用属于尺度对象的过去、现在、将来的全部总和对普遍命题进行不断的检验。这样的总和才更趋于等价普遍命题的说明对象。所有人类可能把握到的能成为证明对象的尺度对象总和都参与了对一个知识的实际判定，才更接近实现完全的检验。对于现实的人类而言，任何时候也不可能对某知识达到了一种绝对意义上的完全的检验。显然，对于任何一个知识，都要评估它的已有检验尺度趋近于它的说明对象的程度。

　　第二方面。首先对检验的尺度作如下分类。

```
                  ┌── 根本尺度（自我认知中的说明对象尺度）
检验的尺度 ───┤
                  │                     ┌── 直接检验中说明对象的观念形态
                  └── 非根本尺度 ──┤
                                        └── 间接检验中说明对象的结果、效应等事实的观念形态
```

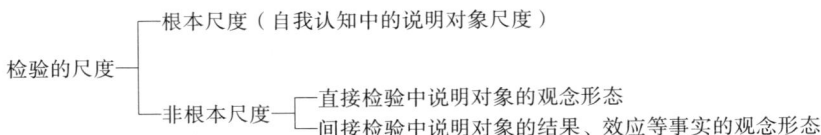

对于根本尺度与派生尺度的关系，在此作一概述。

说明对象作为客观事物或者其现象，与其他的事物或现象存在着许许多多无限的联系、相互作用。因此，就会产生这种联系的事实，作用的结果、效应、关系的事实，说明对象也会表现出来一系列的属性。这些结果、效应、关系的事实都可以成为判定知识的派生尺度。其中，有的我们还不知道，或许永远不知道它可以充当相应知识的派生尺度，它还没有成为现实的起作用的证明对象，它只能叫具有可能性的尺度。每一知识的说明对象作为根本尺度是唯一的，范围是确定的，尽管我们往往无法把握它；而它的派生尺度则是众多的、无限的，范围不具有确定性。每一知识的一个根本尺度与它的众多的无限的派生尺度的总和，理论上就组成了该知识的"尺度对象"。本书在此提出一个"尺度对象"概念。它是相对每一特定知识的概念，是一个无穷集合，是一个由根本尺度率领的无限的派生尺度跟随的庞大的体系、家族。其中，根本尺度居中，处于统帅位置，围绕它的是派生尺度。根本尺度与派生尺度之间的界限似乎一般来说是清晰的。每一知识的派生尺度对象与不可能充当派生尺度的其他无限的"非尺度对象"之间，似乎难以划出一条泾渭分明的界线。在派生尺度内部，不同的对象作为尺度的检验效果有优劣之分，从而距离说明对象中心有远近的差别。不过，这个差别的界线似乎也不明显。我们可以用下图直观地表示这些关系：

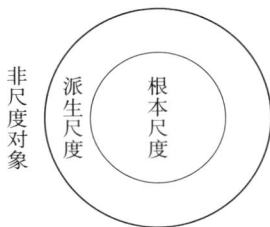

在此，讨论一下知识的"证明对象"与"尺度对象"的关系。

显然，任何知识的证明对象都属于尺度对象，否则它不可能充当尺度。然而，尺度对象的成员并非在现实中都能实际成为判定知识的尺度，成为作用主体的对象。并且，惯性定律的说明对象是一种理想状态，理性知识指向的本质、内部联系等说明对象永远无法直接充当尺度。知识的证明对象只能是那些感性的对象；并且是感性的尺度对象中的那些在现实中已经起到了尺度作用的作用主体对象。显然，它小于尺度对象，是尺度对象的一部分。我们用 ZMDX、CDDX 分别表示一个知识的证明对象、尺度对象，则可以给出两者之间数量关系的如下不等式：

$$\frac{ZMDX}{CDDX} < 1$$

第二章第二节给出的关于依据对象的不等式，论述的是知识的形成；此处关于尺度对象的不等式，论述的是知识的检验。该式表明，实际中确证一个知识的事实总是有限的，不可能超出其尺度对象范围，我们不可能达到对一个知识的完全的证明。

第三个方面。简单论述一下本书关于知识检验的表述的特色、方法。

本书一方面对客观的人类知识实际如何检验、应该如何检验作了一些具有实证性的探讨，另一方面，也整理、充实、完善了一套关于知识检验的概念体系、表述方式。不论感性知识还是理性知识，不论直接检验还是间接检验，也不论以认知为目的的间接实践检验还是应用知识的功利实践检验，都是一个通过实践实现的知识与相应的尺度对照的检验过程，都是实践与对象，手段与尺度共同参与构成的一个检验。包括逻辑证明，也是一个知识与相应的尺度的对照过程，也是尺度与手段共同组成的判定方式。在各种检验中，说明对象这一根本尺度都直接或间接起尺度作用。可见，单从逻辑上、表述上来看，本书似乎实现了对各种知识、各种检验方式的统一的解说；本书似乎避免、消除了目前认识论中概念及判断间的一些前后不一贯、不严谨现象；本书的统一解释试图趋近一种理论上的简单化。

贯彻、应用本书的基本描述方法，在本章中，对检验尺度的有关概念，不论是直接检验还是间接检验中的尺度，乃至进一步的证明对象、尺度对象概念，都只对于它的知识才成立。所以，本书叫做"每一知识的尺度"。关于实践概念，与目前流行的使用不同，由于本书考察的角度是每一具体的知识，并非所有的实践都能担当起检验该知识的任务。能够成为该具体知识的检验手段的实践，应该具有如下特性：这一实践能够产生、呈现出这一知识的那个说明对象，或者派生尺度事实。或者说，每一知识的检验手段实践只能是、只应是联系这一知识与它的说明对象或者相关联的事实的桥梁。这样的实践，本书叫"每一知识的实践""每一知识的手段"。因此，一个对象作为尺度，一个实践作为手段，只相对特定的知识而言；检验尺度、检验手段概念是一个对特定的知识才有意义的概念。"每一知识的尺度"与"每一知识的手段"的有机组合，本书叫"每一知识的检验"。

第四方面。以本书观点为基础，再融合基础主义、融贯论、外在主义、"目的衡量实践成败"诸理论，论述如何实现对知识的更完全、可靠的检验。

知识论中有一种基础主义理论。在此，我们讨论的只是把知觉作为基本信念的基础主义。它认为，作为证实其他信念的证据的基本信念是其他所有信念的基础。古典基础主义理论认为，基本信念是不可错的、不可纠正的。当代温和的基础论则认为，这样的基本信念不存在，基本信念都是可错的。当代不少学者认为，我们很难没有基础信念，即某些信念是比其他信念更占优势或者更基本的。[①] 当代基础主义的上述观点是可取的。因为，第二节已经指出，检验每一个知识的应该的尺度是物理客体的说明对象，

---

① ［美］路易斯・P・波伊曼．知识论导论［M］．北京：中国人民大学出版社，2008（140）.

它无法进入主体脑中实际起尺度作用；我们实际使用的替代尺度当然要尽可能地等价应该的尺度；而能进入脑中、受主观因素影响最小、从而最接近物理客体形态的说明对象本来面目的观念尺度，只能是对于说明对象的直接的知觉。所以，作为检验尺度的关于某说明对象的知觉虽然本身并非不可错，但是它作为尺度在对其知识的检验中确实处于一个特殊的、更基本的位置。知识的检验要尽可能地进行直接检验，就是因为该检验中的知觉尺度直接来自说明对象，可靠性高。实际中独立的直接检验很少，但任何间接检验包括前边提到的应用知识指导实践的间接检验，最终落脚点都要归结为一个直接检验。为什么要这样？对此，可以作出这样的一般性的解释：任何间接检验本质上都是一种"转换""替代"，把对普遍性命题的检验转换为对一个单称命题推论的检验，把诸如不能直接观察的"B 处火力弱"单称命题的检验替换为能直接观察的"从 B 处突破能攻下 Y 阵地"单称命题的检验，等等。因此，包括普遍命题在内的任何知识的检验，最后都要依据一个经验命题的说明对象的直接知觉作为尺度。因此，对说明对象的直接知觉作为尺度，在任何知识的检验中都处于一个基础的地位，知识的检验都是、都应该归结为、转换为不同程度的直接检验。

然而，作为基础信念的知觉也会出错，所以仅仅用它替代说明对象为尺度进行检验是不够的。知识论中有一种融贯理论（当然，这里说的不是真理的融贯论而是指关于知识证明的融贯论），它认为一个信念的证实是借助于这一信念体系内的信念之间的相互关系。把融贯作为检验知识的唯一尺度不可取，但认为检验一般来说离不开信念的融贯则是正确的。对于感性知识，在第二节第一部分讨论检验的可靠性时指出，要检验"这是一个苹果"，需要许多人、许多次的关于该苹果的许多种方式的检验结果的知觉都保持一致，才更可靠。对于理性知识的检验，在第二节第二部分、第三部分指出，可以通过假说演绎法从不同侧面作出许多的经验命题推论，或者应用它指导许多的实践从而把对它的检验转换为对许多的经验命题推论的检验。许许多多的推论的预期结果事实都出现，并且似乎应该说许多人都如此，就可以指出，对这些事实的感性知觉达到了"融贯一致"。这样的融贯的感性知觉体系作为尺度对理性知识检验的可靠性更高。对于检验的那个知识，不论是感性知识，还是理性知识，它以及相应的前提命题，与已经起到检验尺度作用的融贯一致的感性知觉体系，这三者又组成了一个更大的信念（知识）系统。这个更大的系统是否属于融贯论所说的融贯系统？在该系统内，检验的知识、相应的前提命题与作为尺度的感性知觉命题存在着解释关系，他们之间存在着相互支持的关系。并且，融贯论也是能够容纳经验性的观察信念在自己的体系内的。[①] 因此，这里所说的信念系统符合融贯论的"融贯"的一般定义。由上所述可见，实际中感性和理性知识的检验离不开所属信念体系的融贯。

这里所说的融贯系统有几个特点：第一，这个融贯信念系统有一个"中心信念"，就是检验的那个知识。其他的作为尺度的许多感性知觉可以看做是"围绕"它的周围。另外，还有背景知识、作为前提的一般原理、初始条件命题等。因此，形象地说，它是以某特定知识为主导、由证实它的观念尺度为骨干成员、背景知识为基础建立的"朋友圈"。第二，如果说该系统有一个中心信念，那么相应地，可以说它也有"外围信念"，并且这个外围包括许许多多的信念，这个外围的信念主要是作为尺度的诸多感性知觉。例如，我们断定"A 是作案的凶手"。支持该判断的客观事实包括 A 在现场留下的血迹、指纹，A 作案的工具，现场监控录像，现场其他人的讲述，本人的交代等。这些客观事实最终起尺度作用还需要转化为经验事实，也就是在相关理论、背景知识基础上的知觉。关于这些事实的知觉如果都一致，它们就构成了"A 是作案的凶手"命题率领的融贯系统的外围信念。第三，从观念的系统所面对的实在、客观外界角度来看，每一融贯的观念系统都

---

① 胡军. 知识论［M］. 北京：北京大学出版社，2006.

是与检验的那个知识的说明对象相关的。不论血迹、指纹，还是现场监控录像，都是"A作案"这一说明对象事实的可以显现的结果、效应。"A作案"这一事实无法在现在呈现，但它的这些效应可以在现在呈现，从而能够被主体感知，实际代替说明对象充当检验尺度。用本书的术语表述，这些"外围信念"所反映的是证明对象，这些对象都属于尺度对象。由这些特点不难看到，某知识率领的检验信念系统融贯程度越高，融贯的"外围信念"越多，也就意味着我们发现的该知识的说明对象的可感知效应越多，这些种类、次数乃至人数众多的效应的知觉融贯一致，也就表明该知识断定的说明对象存在的可能性越大。

当代知识论中还有一种外在主义理论。它认为，信念的真理性就在于它与外在世界有外在的因果关系，而无需我们去认识这种关系。[1]按照外在主义理论中的一种可信赖论的观点，关键不是能否引证或把握你的证成，而是信念是否由一个可信赖的过程产生。[2]信念由这种可信赖的过程产生，就能得到证成。知觉通常被看做是一个可信赖的过程。在此，本书仅限于讨论知觉。对于知觉这一知识的检验或者说证成，外在主义把着重点放在知觉是否由一个可靠的因果过程产生，这有可取之处。但是，它如果排斥基础主义、融贯论，把这看做检验的唯一或者主要的方式则不可取。基础主义、融贯论关于知觉检验的主要思路，似乎就是要把握最接近该知觉的说明对象尺度，或者通过关于说明对象的各种效应的观念的融贯一致从而间接接近说明对象尺度。吸取外在主义合理的基本思想，对一个知觉的检验，我们就可以采取另一种方式，即考察该知觉由它的说明对象引起的因果过程的可靠性，例如考察感知时的光照条件是否合适，感觉器官是否正

① 胡军.知识论［M］.北京：北京大学出版社，2006（205）.
② ［美］路易斯·P·波伊曼.知识论导论［M］.北京：中国人民大学出版社，2008（155）.

常。如果这个过程是可靠的，一般地，我们就可以间接推测该知觉真实再现了说明对象的情况。因此，这也可以看做是间接地把握说明对象尺度从而检验知觉的一种途径。

即使一个知识经过了上述几种方式并且是许许多多次的检验，由于人类无法把握到它的物理客体形态的说明对象这一根本尺度，只能用观念形态的替代尺度，我们还是能够怀疑这一知识的可靠性。为此，还需要再寻找新的检验方式。不论个体还是人类，生活在世上，就是适应环境，实现自己的各种目的。然而，客观外界走自己的路，不以人的意志为转移。要实现人的目的，必须把握客观外界的情况。意识，是人脑的功能，其中的认知性意识的功能就是反映外界以及自身情况，提供外部环境的信息，从而为人们实现各种目的服务。人类愈来愈能适应环境、更好地实现了自己的目的，也就间接地从一个侧面表明认知性意识很好地实现了它的功能，正确地提供了外界的情况。一个知识应用于功利实践，实现了预期的目的，也就可以认为从一个侧面间接证明该知识的正确性。因此，检验一个知识，除了尽可能接近、把握客观的说明对象尺度这一方式外，我们又多了另一个方式，就是应用该知识于功利实践，用实践目的衡量实践是否成败。

这种检验方式是否与实用主义的观点一致？学术界一般认为，实用主义的真理观主张真理就是有用。这与本书的真理符合论的前提预设就不一致。不难看到，这里提到的检验方式与前边提到的关于应用知识指导功利实践的检验的国内主流观点是一致的。然而，本章第二节第三部分，本书对于这种检验方式提出了不同于主流观点的解释，第二节第五部分，又指出了这一主流观点的不足。在此，又肯定了这种检验方式，是否相互矛盾？第二节第五部分，我们指出，一个功利实践的功能可以从两个不同的角度理解。一方面，通过实践实现各种实用目的，这是该实践的主要功能。另一方面，在实现功利目的的过程中，我们对应用的知识进行了检验。第二节第三部分提出的对于功利实践检验知识的解释只是从功利实践的后一种非主要功能着眼的。这种解释的核心即，功利实践对于应用的知识的检验，就是由该知识作出推论，最后归结为对推论进行直接检验。例如由"B 处火力弱"推出"从 B 处突破可以攻下 Y 阵地"，实际的实施过程就是对后一推论的直接检验。这时，要直接检验该推论，就要完整呈现出它的说明对象事实，不仅要看是否攻下 Y 阵地，还要看是否从 B 处突破。主要从这个角度出发，我们前边指出国内主流观点有不足。在此，我们又提出来用目的衡量实践成败的方式检验知识，这仅仅是从功利实践的前一个功能，也就是主要功能着眼的。两者检验的是同一知识，实施同一个实践，但检验时考察的角度、内容不同。所以，这里肯定目的衡量实践成败的检验方式可取，与本书第二节的观点并不矛盾。那么，同一知识在同一应用实践中的这两种不同考察角度的检验有什么关系？如果要通过目的衡量实践成败的方式检验某知识，则应该首先考察该知识作出推论后推论的直接检验的结果。前一种考察方式应该建立在后一种考察方式的基础上。另外，两种考察角度、方式存在着检验效果的优劣之分，后一种效果更好，是为主的，前一种是为辅的。因此，把前一种检验方式作为典型的、主要的甚至唯一的方式不可取。虽然如此，前一种检验方式具有不可替代的检验角度、独特性。后一种方式检验的最末环节，表现为待检知识与观念尺度在主体脑中的"对照"，涉及的是外界信息；前一种方式的最末环节，则可以呈现为由于实现目的、需要，主体脑中的"体验"，涉及到了主体对自身的感受。

　　综合以上四种检验方式的论述，在坚持真理符合论的理论前提下，以上四种观点的实质都是确证知识与外界是否符合的不同手段的内容。它是人们从不同的角度、方式出发，找到的一些可以把握的说明对象尺度存在的间接证据。并且，它是人们从不同途径找到的可以把握的最接近、最能替代说明对象尺度本来面貌的证据。似乎，引入说明对象概念后的符合论，可以把以上四种观点统一起来，纳入自己的体系内。按照本书的这样的论述，不论基础主义还是融贯论等观点，都不能说找到了检验知识的唯一的、最可靠的方式，不应该肯定一种方式而否定或者排斥其他的方式。如果不考虑具体主体的能力和经济因素，要实现对一个知识的更完全、更可靠的检验，至少应该实施全部这四种检验方式，应该是这四种方式的"合取"。这四种检验的结果都一致，知识符合说明对象的可能性才更大。当然，即使四种方式的结果都一致，也不能说知识绝对正确。这四种方式没有也不可能穷尽所有的检验方式。人类可以也应该不断寻找更多更好的逼近、替代物理客体尺度的方式。

第五章　认识论中两个概念的确立

本章，我们对依据对象、说明对象的特性、作用，在认知活动中的地位等，从总体上作一个概述；然后，再论述一下提出这两个概念的意义，从而最终确立认识论中的这两个概念。

先论述第一方面的内容。

我们对依据对象、说明对象的本质和特性等作一总结。本书主要提出了"依据对象""指向对象"和"作用主体对象""说明对象"四个概念。依据对象、指向对象不仅认知性意识有，其他种类的具有理性形式的意识也有。所以，这两个概念是更基本的概念。认知性的知识的依据对象大致有作用主体对象，观念形态的对象，逻辑层面的前提对象三种形式。其中，作用主体对象相比而言是最终意义上的依据对象。后两种可以认为是对它的表征，只是一种直接意义的依据对象。认知性知识的指向对象即说明对象，说明对象是对其指向对象是什么的进一步的界定。本书中知识的指向对象与说明对象没有什么差别，所以本书对指向对象、说明对象这两个概念不作区分。知识的依据对象的本质即：它是知识内容的"原材料对象"，是知识的信息源。知识的指向对象的本质即：它是知识内容所要描述、把握的对象，是判定其知识正确与否的尺度。这两个对象的本质用一句话来概括即：一个是知识的信息源，一个是检验知识的尺度。它们的本质的不同，在实际认识活动中就表现出各自的不同的基本功能：依据对象作为一种客观因素决定、制约着知识内容，说明对象则作为尺度在对知识的检验中起主导作用。

我们再从三个方面讨论一下这两种对象在认识活动中所处的地位、作用。首先，如果把人类的认识活动看做一个信息的输入、输出的过程，则依据对象处于信息的输入阶段，说明对象处在信息的输出阶段。依据对象可以看作信源。经信源发出的信息经过主体的加工改造，输出信息。说明对象是输出信息要表征的对象。从信息论角度看，人类认识活动的输出不可能完全等于输入，因为中间有图式的加工。所以，人类知识的说明对象总是不可能完全等同于依据对象。其次，从反映论的观点来看，依据对象是反映的源泉、原型，说明对象则是反映要表现、呈现的最后的对象整体、全部。再次，从一个特定的知识运动过程的阶段来看，在这一知识的形成阶段，主要是依据对象决定该知识的内容；知识产生以后，就有一定的相对独立性，它会反作用于客观对象，规定什么对象成为它的说明对象；在应用知识以及检验知识的阶段，说明对象登上舞台，决定这一知识的正确与否。可以看到，在某一具体知识的整个运行过程中，存在着它的依据对象、说明对象与该知识三者之间通过实践实现的相互作用。第一步，依据对象决定知识；第二步，知识反作用于说明对象；最后一步，又复归于说明对象决定知识。

我们再阐述知识的依据对象、说明对象与知识的受动性、能动性的关系。国内哲学界前些年曾经讨论过认识是不是反映这一内容。有些学者认为认识的本质是建构、选择、创造，不是反映。但多数学者认为应该坚持反映论，认为认识是客观外界的能动的反映。本书赞同后一种观点。用本书提出的两个概念，可以对"认识是能动的反映"作出一种新的解释。

任何一个具体的知识包括理性知识，其依据对象不论是感性的作用主体对象，还是存在于人脑的观念形态对象，或者客观化的知识，都有一个对它如实地、机械地感知，准确地把握的环节。似乎可以说，这个意义的反映拒绝能动的加工。任何知识都要、也都应从客观的信息源那里把信息原封不动地提取、转移至主体脑中。这个意义的反映只是一种直观的机械的反映。当然，知识对依据对象的反映并非仅限于直观意义的反映。但至少，它必定包含该反映。或者说，对依据对象的反映必定有一种机械、直观的成分。通过这一直观反映得到相关信息后，主体进行加工、整理，最后形成的知识的内容指向的对象超出了依据对象的范围。所以，知识对说明对象的反映就不是机械的反映，而是能动的、间接的反映。人的知识受依据对象制约，这是认识的受动性；人的知识总指向一个深度和广度大于依据对象的说明对象，这是认识的能动性。所以，任何知识都是受动与能动的统一。任何知识作为反映，都可以分解为两部分，直观反映部分，能动反映部分。我们强调认识的能动性、创造性没有错。但也不能过了头，看不到认识中包含的直观、受动的一面。能动与受动的关系为：受动是能动的基础和前提，能动则是受动的结果和归宿；另一方面，受动也要受能动的制约、支配。随着人类认识能力的不断提高，人类认识越来越具有能动性、创造性，知识的说明对象也越来越多地超出依据对象。但不论何时，知识中总有直观反映、受动的成分。我们似乎也可以提出如下两个原则：对知识的依据对象应如实"录入"，直观反映；对于说明对象，则应大胆猜测，能动地进行说明。

下边，我们讨论提出这两个概念的意义。

提出依据对象、说明对象概念，有重要的理论意义。旧唯物主义认识论仅指出客观事物对认识的决定作用，没有看到实践是认识的基础。马克思主义认识论克服了这个缺陷，强调指出了实践对认识的制约、决定作用，这是对认识论的重大发展。然而，矫枉不能过正，强调实践的作用不应过了头，忽视了客体的作用。本书提出两个概念，讨论建立在实践基础上的这两个对象与认识的关系，似乎弥补了目前认识论关于客体与认识如何具体相互作用研究方面的不足。当前认识论主要从最终、根源意义上指出了客体对知识的决定作用，从整个人类主体角度、宏观层面上讨论了决定认识的客观因素是什么。这样的论述是必要的，是本书论述的前提。但仅仅止步于此还不够，还应在此基础上进一步揭示客体决定、制约认识的具体机制。本书从每一具体知识的角度出发，考察了决定、制约每一具体知识的直接、现实的对象。在上述两个概念的基础上，本书对知识形成和检验的具体机理作了进一步的描述，给出了更全面的微观解释。心理学研究的总目的除了查明心理产生的影响外，再即查明产生心理的原因。[①] 在认识论层面上，从感性的作用主体对象，到观念客体，乃至逻辑层面的前提，本书从信息源角度考察了产生每一具体知识的最直接的原因。提出说明对象概念，本书指出了检验每一知识的尺度是怎样的具体客体，对知识检验的各种形式给出了统一的解释。

提出两个概念也有实际意义。把握了一个知识的依据对象，就可以明白该知识的内容为什么会这样。明白决定一个知识内容的最直接的客观因素是什么，在哪里，有什么限制，对于我们更好地形成知识有帮助。掌握了知识的说明对象，可以明了这一知识的适用范围、应用的领域。最重要的，可以知道检验它的尺度是什么。明白知识的证明对象，它的种类、范围，对把握该知识的可靠程度、相对什么可靠很有帮助，应用这个知识会心中有数。

结论：在认识论中提出每一知识的依据对象、指向对象概念，提出作用主体对象、说明对象概念是符合客观事实的；也是合理的、必要的。

---

① 张述祖，沈德立.基础心理学［M］.北京：教育科学出版社，1987（23）.

主要参考文献

一、相关图书

1. 陈新汉．马克思主义认识论与真善美［M］．北京：华东师范大学出版社，1993.

2. 陈中立．反映论新论——马克思主义反映论及其在现时代的发展［M］．北京：中国社会科学出版社，1997.

3. 龚镇雄编著．漫话物理实验方法》［M］．北京：科学出版社，1991.

4. 胡军．知识论［M］．北京：北京大学出版社，2006.

5. 黄楠森．哲学的科学之路——马克思主义哲学的科学体系研究［M］．北京：北京师范大学出版社，2005.

6. 黄楠森，李宗阳，涂荫森．哲学概念辨析词典［M］．北京：中共中央党校出版社，1993.

7. 金岳霖．形式逻辑［M］．北京：人民出版社，1979.

8. 林定夷．科学哲学—以问题为导向的科学方法论导论［M］．广州：中山大学出版社，2009.

9. 李浙生．物理科学与认识论［M］．北京：冶金工业出版社，2004.

10. ［美］卡尔·G·亨普耳．自然科学的哲学［M］．张华夏，余谋昌，鲁旭东译．北京：生活·读书·新知三联书店，1987.

11.［美］路易斯·P·波伊曼．知识论导论［M］．洪汉鼎译．北京：中国人民大学出版社，2008.

12.［美］齐硕姆．知识论［M］．北京：生活·读书·新知三联书店，1988.

13. 齐振海．中国当代哲学问题研究［M］．北京：中共中央党校出版社，1995.

14. 沈承刚．政策学［M］．北京：北京经济学院出版社，1996.

15. 苏天辅．形式逻辑［M］．北京：中央广播电视大学出版社，1983.

16. 陶德麟．哲学的现实与现实的哲学——马克思主义哲学及其中国化研究［M］．北京：北京师范大学出版社，2005.

17. 田心铭．认识的反思［M］．北京：人民出版社，2000.

18. 肖前、黄楠森、陈晏清．马克思主义哲学原理［M］．北京：中国人民大学出版社，1994.

19. 夏甄陶．认识论引论［M］．北京：人民出版社，1986.

20. 夏甄陶．认识发生论［M］．北京：人民出版社，1991.

21. 夏甄陶．认识的主—客体相关原理［M］．武流：湖北教育出版社，1996.

22.［英］A·F·查尔默斯．科学究竟是什么？［M］（第三版）．鲁旭东译．北京：商务印书馆，2007.

23. 杨世昌．微观世界的哲学漫步［M］．上海：华东师范大学出版社，1989.

24. 中共中央文献研究室综合研究组《党的文献》编辑组．三中全会以来的重大决策［M］．北京：中央文献出版社，1994.

25. 张巨青．自然科学认识论问题［M］．长沙：湖南人民出版社，1984.

26. 张巨青．科学逻辑［M］．长春：吉林人民出版社，1984.

27. 章士嵘．认知科学导论［M］．北京：人民出版社，1992.

28. 张述祖，沈德立．基础心理学［M］．北京：教育科学出版社，1987．

29. 周文彰．狡黠的心灵——主体认识图式概论［M］．北京：中国人民大学出版社，1991 年版。

二、相关期刊论文

1. 郭湛．确定实践标准的实际意义与哲学内涵［J］．社会科学战线，1998（6）．

2. 韩东屏．只有真理标准还不够——价值目标是判断实践优劣的唯一标准［J］．湖北社会科学，1999（4）．

3. 黄楠森．认识怎样成为真理？［J］．哲学研究，1980（11）．

4. 胡寿鹤．真理标准和检验真理的标准［J］．东岳论丛，1996（1）．

5. 胡寿鹤．评"实践是检验方法，不是检验标准"［J］．社会科学，1996（7）．

6. 坚毅．关于真理标准的学术再讨论［J］．青海社会科学，2001（5）．

7. 鲁品越．实践是客观物质活动——"实践桥梁说"质疑［J］．教学与研究，1995（1）．

8. 孟德佩．实践的结果是检验真理的标准［J］．社会科学战线，1998（2）．

9. 苏富忠．论知性真理及其检验标准［J］．东岳论丛》2002（1）．

10. 陶德麟．认识的对象是检验真理的标准吗？——一篇对话［J］．江汉论坛，1981（5）．

11. 吴桂荣．论检验实践的标准［J］．东岳论丛，1990（4）．

12. 吴建国、崔绪治．关于认识与实践关系的再探讨［J］．哲学研究，1981（3）．

13. 吴建国、崔绪治．试论认识的源泉及其与真理标准的关系［J］．学术月刊，1980（12）.

14. 王来法 . 关于真理标准问题的几点看法［J］. 浙江大学学报（人文社会科学版），1999（10）.

15. 王玉恒 . 关于逻辑证明在认识过程中的作用问题的讨论情况［J］. 哲学动态，1981（8）.

16. 王智 . 关于"检验真理"的几个问题［J］. 东岳论丛，1994（3）.

17. 王智 . 从真理标准到实践标准［J］. 广东教育学院学报，1998（4）.

18. 张立波 . 九十年代实践问题研究述评［J］. 教学与研究，1995（5）.

19. 郑庆林 . 也谈认识的源泉——与李伯钿同志商榷［J］. 哲学研究，1982（11）.

20.《哲学研究》杂志评论员 . 深入开展实践标准的理论研究［J］. 哲学研究，1980（5）.

后 记

　　我是一名业余哲学爱好者。这本小书的基本观点早在几十年前就产生，直到十年前才开始动笔，并围绕观点的确立进行了相关的文献和专著的研读。与多数人不一样，我不是系统地准备好了专业知识再找课题进行研究、写作，而是先通过近乎直觉的方式产生了自认为有价值、能成立的基本观点，然后，为了论证这个基本观点进行学习、研究。由于只能利用业余时间，专业知识不扎实，缺乏指导，写作遇到许多困难，过程漫长。读者不难看到，因水平所限，本书存在许多缺陷，也会有不少错误。然而，通过接触国内哲学教科书认识论方面的内容以及相关的主流观点，我感到它们有一些不足，而本书的观点似乎可以作为克服这些不足的一种尝试，这种尝试似乎有利于马克思主义认识论的完善。为此，我一直坚持这方面的研究。我不揣浅陋，让这个观点问世，是为了抛砖引玉，希望有兴趣的专家学者关注、参与这方面的研究，克服本书的缺陷，使研究不断深入，推进国内认识论的创新。在此，真诚期待各位专家和读者的批评和指教。

　　书稿完成后，承蒙中国人民大学郭湛教授审阅，给予热情的鼓励、肯定和指点，上海大学陈新汉教授也给予热情的鼓励并对基本观点表达了认可。特此一并致以深深的谢忱。北京人文在线出版基金部分资助了本书的出版，在此表示衷心的感谢。

　　作者联系方式：lzk05320346@126.com。

作者

2016 年 10 月于青岛